计算机基础教育课程改革与教学优化研究

纪少梅　矫林涛　著

U0301933

电子科技大学出版社

University of Electronic Science and Technology of China Press

图书在版编目(CIP)数据

计算机基础教育课程改革与教学优化研究/纪少梅,
矫林涛著.--成都:成都电子科大出版社,2024.3

ISBN 978-7-5770-0854-7

Ⅰ.①计... Ⅱ.①纪...②矫... Ⅲ.①电子计算机-
教学改革-研究-高等学校 Ⅳ.①TP3-42

中国国家版本馆 CIP 数据核字(2024)第 032291 号

书　　名	计算机基础教育课程改革与教学优化研究	
	JISUANJI JICHU JIAOYU KECHENG GAIGE YU JIAOXUE YOUHUA YANJIU	
作　　者	纪少梅　矫林涛	
出版发行	电子科技大学出版社	
社　　址	成都建设北路二段四号	
邮政编码	610054	
印　　刷	电子科技大学印刷厂	
开　　本	787mm×1092mm　1/16	
印　　张	9.5	
字　　数	129 千字	
版　　次	2025 年 1 月第 1 版	
印　　次	2025 年 1 月第 1 次印刷	
书　　号	ISBN 978-7-5770-0854-7	
定　　价	58.00 元	

前　言

随着社会信息化进程的加快以及计算机教育事业的蓬勃发展,计算机应用已经深入各个领域。高校计算机教育事业面临新的发展机遇,能否熟练运用计算机也是当今社会衡量高校生综合素质的一项重要内容。培养高素质的技能型人才是推动国家经济发展的迫切需求。新的时代背景下,高校需要推进计算机教育教学改革,进一步提升高校的计算机教学质量。

本书是计算机基础教育研究方面的书籍,主要研究计算机基础教育课程改革与教学优化,本书从计算机基础教育的基本概述入手,针对计算机课程体系与教学体系的改革、计算机教学设计与课程教学改革、计算机教学过程设计及教学环境、计算机的教学模式与教学方法进行了分析研究。为了满足学生自身的发展和社会的需要,培养出适合于社会发展需要的高素质新时代人才,就必须对当前的计算机教学的教学模式和教学方法进行改革创新。

为了确保研究内容的丰富性和多样性,作者在写作过程中参考了大量理论与研究文献,在此向涉及的专家学者表示衷心的感谢。最后,限于作者水平不足,加之时间仓促,本书难免存在一些疏漏,在此恳请同行专家和读者朋友批评指正!

目　录

第一章 计算机基础教育的基本概述

第一节 计算机基础课程教学

现如今,社会已经迈入信息时代,信息化发展水平日新月异,为了可以更好地适应社会发展的需求,提升学生的综合素质,提高广大教师的计算机教学质量是必须的,这也是当前计算机教育教学工作者的一项重要任务。在近些年,我国各大高校已经开设计算机课程,也培养了一大批信息社会所需要的计算机人才,但是随着信息社会的高速发展,对于计算机人才的要求越来越高,也越来越严格,这就对计算机教学工作的开展提出了更高的要求。提高学生的理论水平,增强学生的实际操作能力和使用能力是当前亟待解决的问题。

一、高校计算机教学的发展方向

计算机教学的发展方向取决于社会对计算机人才的需求,所以必须紧跟计算机发展的需求,根据计算机教育教学中存在的问题,采取相关的有效措施,从而提高教师的计算机教学水平,提高学生的综合能力。

(一)教学理念的创新与转变

毫无疑问,创新是信息化社会中最为注重的,甚至可以说,信息时代就是一个创新的时代。要提高高校教师的计算机教学水平,使学生更好地适应社会,必须转变传统的教学理念,不断创新,紧跟计算机发展的趋势,吸收新知识点,开展创新教学,为信息化社会提供更多具有创新性思维的高素质计算机人才。

(二)教学内容和教学方法不断创新

只有在教学内容以及教学方法上不断进行创新,才能进一步满足学生学习的需要,适应社会发展的需求。针对计算机教学的课程内容,必须有长远的视野,与时俱进,根据社会需求和计算机应用软件的发展,设置合理的、实用性强的专业课程。同时,可以适当减少计算机理论知识教学,增加实验教学,以提高学生的实际操作能力。教学方法也需要不断创新,可根据学生的实际水平,区分不同的层次,因材施教,以此充分调动学生学习的积极性。

(三)学生主体地位的提高

为了提升学生的发展空间,增强学生学习的积极性,教师应注重主体作用,使学生在课堂中占据更多的主导性,而教师从旁进行有效引导。在这方面除了上述所讲的教师要因材施教,根据学生不同的水平层次,设定不同的教学内容外;还可以引导学生进行小组合作学习,让学生在实际的探究讨论中找到合适自己的学习方法,体会学习计算机的乐趣,从而充分调动学生学习的积极性。

(四)教师综合素质的提高

计算机应用发展迅速,计算机专业教师的知识体系以及教学能力就应紧跟时代的步伐,不断地调整、更新。因此,各院校要加强对计算机教师的相关培训,增强对其教学能力的考核,有效地提高计算机教师的综合素质。

(五)注重提高学生计算机实践水平

随着社会的发展,拥有实际操作能力的计算机人才受到越来越多的重视。因此,有必要在计算机教学中加强实践性教学,以提升学生的实践技能;可以增加实验教学的比重,使学生在实际的操作中提升实践能力;此外,也可以从各方面加大实践教学的投入,配置相关的实践教学设备,改善实践教学条件;从而有效地提升计算机实践的教学质量,提高学生的实践水平。

在当前的信息社会,计算机技术已经成为学生必须掌握的一项技能,高校应主动承担为社会培养计算机人才的责任。高校应该清楚地认知计算机发展趋势,确定培养目标,创新教学理念,转变教学内容和教学方法,以学生为主体,注重提高实践能力,提高教师的计算机教学水平,为社会培养更多优秀的计算机人才。

二、计算机基础课程教学的改进

计算机基础课程是高校实践性较强的公共基础课程,内容涵盖计算机基础知识、Windows 基本操作、办公软件的基本用法、计算机基本组成和工作原理、计算机网络基础知识、因特网常规应用、网页制作基础知识以及数据库系统基础等。

为适应新形势的要求,为学生提供独立探索、合作的学习环境,使学生实现资源共享,接受更多与专业紧密结合的高水平信息技术教育,培养学生综合运用计算机和相关专业知识解决实际问题的能力,满足社会需求,可以从以下几个方面对计算机基础课程教学进行改进。

(一)改变传统意识

在高校,人们通常比较注重专业课程的教学,努力分析教学方法和教学模式,深入研究课程内容,制订详细的教学计划。现在教育部已经对基础计算机课程提出了更高要求,将基于知识技能的能力培养转变为应用型思维能力的培养。在计算机基础课程的教学过程中穿插其他的相关概念,为后续课程奠定基础,发挥出计算机基础课程本身应该具有的重要作用。

(二)创新计算机应用基础课程理念

计算机信息技术与多媒体信息技术的发展促使高校的计算机应用基础课程教学理念也产生较大变化。随着高校学生的信息获取途径的多样化,学生能够有效利用多种学习平台和多样化学习方式实现有效学习,就需要转变传统计算机应用基础课程的教学理念,根据高校学生具体的学习情况与学习特点,高校应用计算机网络技术为学生日常学习提供更加广阔的发展空间,这样才能够规避在时间与空间方面的限制,减少计算机应用基础课程教学的问题,优化计算机应用基础课程的教学效率;结合学生知识储备和技术能力开展更加有效学习。计算机应用基础课程教师需要结合学生的专业特点开展针对性的教学,这样能够更加科学地统计分析各项数据,促使高校学生能够更加有效地掌握学习的规律。因此,计算机应用基础课程教师必须不断创新教学方式,扩展教学内容,形成动态化的教学发展态势,因材施教,这样才能够更加具有针对性地解决实际的学习问题。借助信息数据检验教学资源、改进教学资源以及反思教学资源,提高计算机应用基础课程教学的效率。

例如,目前最为有效的课堂组织形式为翻转课堂,通过翻转课堂教学能够为传统教学提供辅助,有利于提高教学的有效性。在计算机基础课程授课中,采用翻转课堂模式,提前将文字、图像、音频和视频等教学资料通过网络传递给学生,让大家熟悉网络环境,有意识地接受学习就是要主动查阅资料,要提前利用网络工具获取资源,让学生带着问题听课,激发学生学习的兴趣。有基础的学生在接触微课时会产生浓厚的兴趣,会帮助零基础的学生解决简单的操作问题,教学相长,大家共同进步;零基础的学生提前拿到上课时的资料,提前预习、讨论,他们接受知识的能力会不断提高,学习兴趣与日俱增,使得全班的学习气氛浓厚。在一帮一带的过程中,使学生变被动学习为主动接受,大家共同进步,教学效果非常好。

(三)采用分层教学方法,因材施教

在高中阶段,学生基本上都接触并学习过计算机,他们在进入高校时就具备一些基本的计算机知识。为了使不同层次的学生发挥自己的优势,学习实践知识和技能,教师可以实施分层教学,即根据教学对象的水平层次对教学内容进行分类。通过这种方式,可以充分测试刚刚进入高校的学生操作技能和计算机应用程序水平。根据测试结果将学生分为两组,A组及B组:A组计算机基础好,B组计算机基础较弱。对于A组学生,教师应简化Windows操作系统和Office系列软件等的基本操作,注重学生的操作技能和计算机网络技术,并注重学生的自主学习和研究能力。对于 B 组学生,教师应注重计算机的基本组成部分、Windows 操作系统和 Office 系列软件等基本操作,增加对学习内容和学习方法的指导,并学会使用常用软件。课程准备应该具有针对性,以便不同级别的学生能够更快更好地掌握基本的计算机知识。

(四)优化课程比例,提高实践教学比例

从计算机课程学习的角度出发,通过理论学习帮助学生建立一套相对完整、科学的理论体系是计算机学习的一项重要任务。从就业的角度来看,应用教育本来就是高校学生所接受的教学模式的主要特征。以培养计算机应用能力为主要目的,通过教学提高高校学生的计算机应用能力,这就要求高校对计算机课程体系进行调整和优化,使教师的理论教学与实践教学相辅相成。从高校计算机的教育现状来看,高校必须提高实践课程所占的比重,适当降低理论课程,从而实现全面的实践教学,这也是高校计算机教育的发展趋势。

(五)计算机学习与专业学习结合,增强应用性

计算机教育是一门基础性教育,从课程重要程度来看,除了计算机专业的学生,对其他专业的学生来说它比不上专业课程。所以如果要改变学生在学习时忽视计算机的这种问题,要做到的一点就是将计算机基础课程教学与学生的本专业相结合,让其成为提高学生专业能力的一种重要途径,其实这也是计算机教育的一个重要发展趋势。当前,国内已经有许多高校在探索这种教学模式,针对计算机教育的教学内容,可以根据不同的专业进行一定的优化及调整,使其更符合学生专业学习的需要,从而更好地提高学生的应变和实践能力。

同时,随着科技的发展,互联网的普及,信息也海量地增加,如何在云计算环境下从这些大数据中提取有效的信息也是现如今计算机科学领域最热门的一项技术,而计算机基础教学也应该跟随时代潮流,将这些融入计算机教学当中,与时俱进。

(六)重视考核,完善评价机制

科学合理的评价与考核机制是保障教学质量的重要基础。针对高校

计算机应用基础课程评价考核机制存在的问题,高校应当基于教学大纲与教学目标,构建全面的考核评价机制,使得理论考核与实践考核进行充分的结合。具体来说,计算机应用基础课程考核应当在传统的笔试部分与上机考试相结合的基础上,尝试引入多元化的考核方式,比如在日常教学过程中为学生设计开放性的考核任务,这个考核任务应当根据学生的专业,参考学生未来就业情况,设计模拟学生工作中的计算机任务,给予学生充足的时间进行准备,让学生充分发挥自己的想象力与创造力,然后将考核结果纳入期末的考试成绩中。与此同时,高校还应当将计算机基础课程考核与计算机等级考试进行对接,全面提升学生利用计算机解决专业问题方面的综合能力。

第二节　计算机辅助教学概述

21世纪的特征之一是知识经济时代的到来。在知识经济时代中,以计算机和网络为核心的信息产业是推动经济发展的关键产业,这是因为在当今世界高科技领域,计算机技术和网络技术是发展最快的技术之一。当前,巨型计算机的运算速度可达每秒数万亿次,高档次的微型计算机的运算速度也可达几十亿次,内存容量可达数百兆。现在微型计算机的这两大性能指标已能与十多年前的大型计算机相媲美,但前者的价格仅是后者价格的千分之一。

近几年多媒体技术的发展,将文字、图形、图像、声音、动画诸多功能融于一体。计算机不再仅仅只发挥其计算功能,在管理、教育、科技、生产甚至娱乐方面也大显身手,互联网将全世界数亿台计算机联系在一起,人们利用互联网能够更快地获取信息,交流信息,大大地提高了人们的工作效率。

随着计算机及相关技术的发展,计算机在教育领域中的作用与地位也在不断加强。信息社会的发展要求学校培养的人才必须适应社会的需要。现在,各级各类学校不仅教授学生尽快掌握使用计算机的方法,而且也在利用计算机进行教育管理并协助教师进行教学。

计算机辅助教育是一种新兴的教育技术,所研究的内容就是怎样把先进的计算机技术用于教育。计算机辅助教育主要分为两大部分:计算机辅助教学和计算机管理教学。

计算机辅助教学可以简单地说就是利用计算机帮助教师教学,帮助学生学习。计算机管理教学主要是利用计算机进行教学管理,如学生成绩管理、课表编排、试卷生成、学习质量分析等。

一、计算机辅助教学的意义

计算机辅助教学是教师将计算机作为教学工具,为学生提供一种学习环境,学生通过与计算机的交互对话进行学习的一种教学形式。在我国,目前教学的基本形式是班级教学,基本的教学手段和工具是口授、粉笔、黑板、文字、教科书等,当今世界已进入信息时代,计算机技术、通信技术、多媒体技术、人工智能等现代化信息技术的发展,使得现代教育技术和手段有了长足进步。

从一些利用现代化教育手段进行教学的先进单位的经验来看,现代化教育手段的应用有力地推动了教育结构、教学内容和教学方法的改革。近几年出现的多媒体计算机将计算机与传统的电教设备功能融为一体,不仅能演示、播放音像、动画,而且具有交互功能,能很好地实行个别化教学,是理想的现代化教学设备。

多媒体技术集文字、图表、声音、图形、图像、动画于一体,可以传递丰富的知识信息。这种生动、形象地传递知识的方式能够激发学生的兴趣和注意力,使学生更快地理解和接受知识信息,有助于学生的联想和推理等思维活动拓展,对于培养学生解决问题的能力和创造能力有着重要的作用。据一些实验测试结果显示,在相等学习时间内,利用多媒体的教学手段可使学生获取 85% 的课程知识。

计算机具有存储、处理信息和自动工作等功能,不仅能呈现教学信息,而且还能接收学生回答的问题并进行判断,从而能对学生进行学习指导。因此,在利用计算机进行学习时,学生有更多的自主权,如选择学习内容和进度;学生可以根据自己的学习情况,选择不同的学习路径,实现自主学习,利用计算机进行辅助教学能够帮助教师提高教学效率、扩大教学范围。

随着我国国民经济的快速增长,必须振兴科技与教育已成为大家的共识,教育手段必须现代化也日益深入人心。随着我国综合国力的不断增强,以多媒体计算机为中心的现代化教育手段的运用必将在我国的教育事业中发挥越来越重要的作用。

二、计算机辅助教学软件应用模式

计算机辅助教学课件可分为多种应用模式,如操作与练习、个别化远程教学、模拟教学、辅助测验、能力培养等,现对主要应用模式介绍如下。

(一)操作与练习

有些知识需要学生的反复操作与练习才能较好地掌握,这时可由计算机提出问题,让学生回答,然后计算机判断是否回答正确。如正确,计算机将给予肯定和赞扬,再进入下一个问题;如不正确,计算机则给予提示和帮助,并给予再次回答的机会或直接显示正确答案;如果学生不会,可请求计算机给予帮助,这种计算机的“交互”功能是诸如电影、录音、录像等媒体所没有的。正是这种“交互”功能使得学生变被动学习为主动学习,更易达到巩固所学知识和掌握基本技能的目的。

(二)个别化远程教学

这种方式是让计算机扮演教师的角色,进行个别化教学。这种系统课件一般是将教学内容分解成多个教学单元,首先讲解、演示知识点,再进行交互式练习。特别是当学生回答问题出错时,计算机要重新讲解知识点,甚至要复习更为基础的知识,直到学生能正确回答问题为止。如果利用计算机远程网络进行学习,学生就可在不懂的时候暂停学习,向计算机询问或寻求帮助,以利于问题的解决。这种学习过程中的“交互”功能将大幅提升个别教学的效果。

(三)模拟教学

计算机模拟是计算机模仿真实现象或模拟理论模型并加以试验,它非常有利于培养学生解决问题的能力,克服许多真实试验的困难。计算机可以演示物理实验、化学实验,并可在不消耗材料的情况下反复进行实验,以利于学生掌握实际操作本领。对于系统模拟,如模拟社会现象、人口发展动态、恒星系统的演化等,可使学生对所模拟的系统有较深刻的理解。模拟可帮助学生取得未曾经历过的经验,如模拟医疗诊断、外科手术等。模拟训练可帮助学生熟练操作技巧,如模拟飞行驾驶、车船驾驶、武器操纵及大型复杂系统的控制等。

(四)辅助测验

计算机辅助测验省时省力,还可有效地对测验成绩进行分析、统计,特别适合人数众多、客观题量大的测验类型。

(五)能力培养

优秀的计算机辅助教学软件能够培养学生多方面的能力:由计算机提供探索、分析和综合知识的环境,提供进行探索、分析、推导、计算等的工具,使学生在探索过程中发现并掌握新概念和原理,这种软件的编制应富于趣味性和很强的逻辑性,便于学生进行判断、分析、综合,让学生发现规律,学到科学探索的方法。

三、多媒体计算机特征

随着计算机在我国的迅速普及,"多媒体"这个词也广为流传,现在多媒体计算机已快速地进入社会和家庭,给教育、出版等各个领域都带来了巨大的变化。人们常称报纸、广播、电视等传播信息的工具为"新闻媒体",这里所说的"媒体"其实就是"信息"的载体。

"媒体"有下列五大类:

①感觉媒体:即人们能够感觉的媒体,如语言、音乐、自然界中的各种声音、图形、图像、文本等。

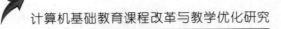

②表示媒体:这是人们为传送感觉媒体而创造出来的媒体,如语言编码、电报码、条形码等。

③显示媒体:这是用于通信中使电信号和感觉媒体之间产生转换的媒体,如键盘、鼠标、显示器、打印机等。

④存储媒体:如纸张、磁带、磁盘、光盘等。

⑤传输媒体:如电线、电缆、光导纤维等。

"多媒体"一词至今尚未严格定义,但一般认为,多媒体是指能够同时获取、处理、编辑、存储和展示两个以上不同类型信息媒体的技术。所以,"多媒体"是一种技术,而这种技术又是以计算机为核心的,综合处理多种媒体信息,并使这些信息建立逻辑连接,从而协同表示出更丰富和复杂的信息。

多媒体有以下三个显著的特征:

①建立在数字化处理基础上的信息载体的多样性。这里的信息载体是指能够承载信息的数字、文字、声音、图形、图像、动画及活动影像等,早期的计算机只能处理数值、文字和经过特别处理的图形、图像,因而不具有多媒体功能。

②处理过程的交互性,即实现复合媒体处理的双向性。多媒体能使用户可以与计算机的多种信息媒体进行交互操作,从而为用户提供更加有效地控制和使用信息的手段。人们可以收看和收听电视、录像、广播、录音,但不能与其交流、沟通,所以电视、广播、录音、录像也不是多媒体。

③多种技术的系统集成性,多媒体以计算机为中心综合处理多种信息媒体,多媒体技术集中了当今计算机及相关领域最新、最先进的硬件技术与软件技术。

四、计算机辅助教学课件制作原理与课件评价

(一)计算机辅助教学课件制作流程

作为一名普通教师,利用计算机进行辅助教学时,一般会使用由软件公司或大的软件制作单位开发的商业化课件。它们开发这些课件时都投

入了大量的人力、物力和资金,使用的计算机硬、软件设备也比较先进,特别是多媒体计算机辅助教学系统课件,一般都由专业课教师、软件工程师、美工师、摄影师、播音员一起协同制作。

一般来讲,课件的开发往往要经历需求分析、设计、开发、评价和修改等阶段。

在需求分析阶段,主要是要确定课件应该实现的目标与课件使用对象的特点、知识技能水平,明确课件运行的环境,开发所需的时间、人力和经费。在这一阶段,参加课件开发的专业课教师的重点要放在研究教学内容的重点、难点上,思考如何解决好传统教学手段所不能解决的或解决效果不好的问题。要考虑好计算机辅助教学的教学模式是作为教师上课的演示、讲解工具,还是作为学生的自学工具或测试工具,要研究教学内容对计算机辅助教学课件模式的选择。

在设计阶段,要由有丰富经验的专业课教师在软件设计人员的协助下编写脚本。课件脚本应和电影脚本类似。应考虑如何利用计算机屏幕组织教学活动,完整的课件教学内容应有若干个知识单元,每个知识单元应由若干个描述部分构成,而屏幕描述部分采用的多媒体手段(文字、图形、声音、影像、动画等)及屏幕描述部分之间的逻辑关系都应有仔细考虑。

在课件开发、制作阶段,主要由软件人员在专业教师的协助下做好美工师、摄影师、播音员等人员的分工。按脚本的规划,利用多媒体协作工具对课件素材进行编辑和加工整理,制作出课件原型,一个成熟的课件一次开发成功的难度很大,一般都需要对课件进行多次试用、多次修改,并由专家小组对课件的教学效果进行评估。

(二)计算机辅助教学课件脚本的编写

脚本是编程人员开发课件的依据,脚本的每一面上都绘有屏幕上显示的一幅教学画面并标有说明。教学画面直接面向学生,每一幅画面都可促进人机交流,传送教学信息,激发学生的兴趣。因此,脚本的质量对于课件的质量有着至关重要的影响,编写脚本的主要步骤如下。

1.编写初稿

初稿主要用文字表述,其内容包括课件的课文、问题、反馈和画面的初步构思。

2.绘制画面

在绘制画面时要注意画面的控制参数。如图画所占的行数,字号大小,屏幕的底色和显示色,画面持续时间,文字信息的内容、位置、颜色,图形信息的结构、位置、颜色和状态等。当有提问画面时,应考虑如何根据学生的反应给予相应的反馈以及应该转向哪一幅画面。

3.标注说明

在画面上一般还须标注说明,如动画、移动、等待、图形、等待回答、消除、反相显示、回答、闪烁、出现、窗口、配乐、延时等。

4.重叠检查

重叠检查是显示内容与画面重叠出现时,对象之间是否配合、协调。

5.编排顺序

画面的顺序应在制订课题计划时就大体确定,在编排顺序阶段主要是具体实施课题计划,当然也可对原定计划做适当修改。

6.绘制课题流程图

课题流程图是指整个课题的脚本流程图,脚本流程图比课题计划中的有关示意图更具体,每页流程图只是脚本流程图的片段。

7.评审修改脚本

脚本是沟通课件的构思者和制作者的桥梁,组织有关方面的专家评审修改脚本,使课件能体现先进的教学经验和教育理论是很有必要的。

(三)计算机辅助教学课件的评价

评价一个计算机辅助教学课件的优劣,一般有下列几条标准。

1.是否达到预定的教学目标、教学要求

教学讲解、演示性课件,是否能够吸引学生的注意力,激发学生的学习兴趣,个别教学型课件是否能够增强学生学习的主动性。

2.是否能够及时反馈学生的回答信息

模拟型课件的仿真程度,学生是否能够尽快掌握实际操作,能力培养型课件是否能有效地培养学生的发现问题、解决问题的能力与创造能力。

3.课件的使用是否方便

课件的操作过程是否有明确的提示,课件使用者是否有丰富的计算机使用经验。

4.各种媒体是否应用适当

媒体的播放既要有鲜明、形象、生动的屏幕画面与音乐、声音效果,又应合理运用媒体效果,分散学生学习的注意力。

由软件制作公司投入了大量人力、物力、财力开发的计算机辅助教学课件具有很高的商业价值,当然也有很强的通用性。但是这样的课件不可能覆盖每一个知识点,如果自己是一名有教学经验的教师,又是一名较熟练的多媒体计算机操作与使用者(不一定是软件工程师),可以利用多媒体编辑工具制作一些小型课件以利于自己和其他教师的教学。

五、计算机辅助教学课件的制作

多媒体系统课件制作过程复杂,周期长,需要投入大量人力、物力、财力,一般教育单位难以承担。但是计算机辅助教学的形式与内容非常广泛,特别是演示型课件,每一个课件的内容不一定很多,但是却千变万化。软件公司很难满足广大教育工作者的各种不同的要求,所以有条件的一般教育单位和教师个人都是可以制作出满足本单位或有关单位使用的演示型课件的。

(一)制作计算机辅助教学课件的硬件支持

如果用 Basic 语言、C 语言等一般高级语言制作非多媒体演示型课件,一般电脑均可制作,但如果要制作多媒体课件,则首先需要一台标准配置的多媒体计算机,当然,配置越高越好。但如果要制作计算机辅助教学课件,一般还需要有以下一些硬件。

①视频卡:便于计算机与电视、录像设备之间的信息交换。

②麦克风：通过声音卡录入声音。

③录像机：将已有录像资料通过视霸卡输入计算机进行编辑。

④摄像机：摄制新的影像资料。

⑤扫描仪：输入静态图片、图像资料到计算机进行编辑。

⑥扩音器与音箱：输出声音与音乐。

为了更好地输出多媒体计算机辅助教学课件内容，若有大屏幕彩色电视机、投影器、彩色复印机等将是更好的事情。

(二)多媒体计算机辅助教学课件开发的软件工具

进入多媒体时代，计算机辅助教学课件的制作与开发的要求提高、难度加大。对于文本、表格、图形、动画、影像一般都由不同的软件进行编辑处理。现将在 Windows 操作系统下常用的一些软件工具作如下描述。

①文字处理：Word for Windows；

②电子表格：Excel；

③绘画：Paintbrush，Painter，FreeHand；

④美术编辑：Adobe PhotoShop，Corel DRAW，Photo DRAW；

⑤三维动画：3DSMAX，Director，Maya；

⑥动态影像媒体制作：Video for Windows，Premiere。

上述工具软件主要是对某一方面的媒体进行制作和编辑加工，要将多种媒体素材有机组合在一起形成课件，还需要多媒体编辑系统(多媒体课件写作系统)。

高级语言也有很强的多媒体编辑功能。如 Visual BASIC，Visual C＋＋，Borland C＋＋等。但高级语言要求课件制作人员有较强的编程功底，而且难度大，效率低。多媒体编辑系统将使不具有程序设计经验的教师也能设计出多媒体计算机辅助教学课件。当前在多媒体计算机上使用较为广泛的多媒体编辑系统有 Multimedia Tool Book，Authorware，Icon Author，方正奥思等，它们都具备处理文字、图形、图像的功能；能显示多种格式的图形和图像；能提供画面的过渡特征；支持声音文件；有绘图工具；支持简单的动画。在流程控制能力方面都能生成较复杂的条件分支和逻辑分支的流程结构;能根据用户的输入产生跳转;能处理复杂事件的顺序;在显示屏上容易产生和连接快速键,这些快速键用来快速切换到演示软件的其他部分。

当前,在我国的课件编制人员中,使用 Authorware 多媒体编辑系统的人员占有较大的比例。该软件是一套功能强大的多媒体编辑系统,它以图标为基础,以流程线为结构环境,再加上丰富的函数和程序控制功能,给课件编制人员提供了极大的方便。它融合了编辑系统与高级语言的特点,提供多媒体基本元件的集成及多重分支功能,它的多样式对话模式给编写交互性很强的课件提供了强大的编辑工具。

Mathcad 是一个优秀的数理工具软件,它不仅具有良好的数值计算、符号运算功能,而且还具有二维、三维图形与动画制作功能。它的操作界面与 Windows 操作系统相近,与微软公司的 Office 软件有良好的兼容性。Mathcad 操作简单,使用方便,它的直观的流程图式内部语言 M++提高了编程效率。

随着计算机的硬、软件技术的快速发展,使用与制作计算机辅助教学课件的手段与方法也在不断更新,教师只有不断学习,紧跟计算机与计算机辅助教学技术的发展,才能在计算机辅助教学方面做出成绩,为课堂教学改革、不断提高教学质量作出贡献。

第二章 计算机课程体系与教学体系的改革

目前计算机在社会之中得到广泛应用,在计算机基础课程教学过程当中,应当加强对计算机基础课程体系的研究和构建,同时应当加强计算机教学体系的改革工作,提升计算机教学质量以及效果。

第一节 课程体系改革与教学体系改革

一、课程体系改革

(一)课程体系建设

课程体系设置得科学与否决定着人才培养目标能否实现,如何根据经济社会发展和人才市场对各专业人才的真实要求,科学合理地调整各专业的课程设置和教学内容,建构一个新型的课程体系一直是教师努力探索、积极实践的核心。高校将计算机课程体系的基本取向定位为强化学生应用能力的培养和训练。本专业的课程设置体现了能力本位的思想,体现了以职业素质为核心的全面素质教育培养观念,并贯穿教育教学的全过程。教学体系充分反映了职业岗位的资格要求,以应用为主旨和特征构建教学内容和课程体系;基础理论教学以应用为目的,以"必须、够用"为度,加大实践教学的力度,使全部专业课程的实验课时数达到该课程总时数的 30％以上;专业课程教学加强针对性和实用性,教学内容组织与安排融知识传授、能力培养、素质教育于一体,针对专业培养目标,进行必要的课程整合。

1.指导思想

(1)遵循基本规律

"面向应用、需求导向、能力主导、分类指导"是高校计算机基础教育实践中已取得的基本经验,也是基本规律,它不仅指导高校计算机基础教育课程建设,同样也指导课程体系设计,也就是说课程体系也要遵循"面向应用、需求导向、能力主导、分类指导"的基本规律进行设计。

(2)体现改革目标

高校计算机基础教育教学改革的四个目标,即"设计多样化课程体系,实施灵活性教学""更新课程内容,适应计算机技术发展""重视计算思维能力培养""提升运用计算机技术解决问题的能力",在课程体系设计中也应体现。

(3)以课程改革为基础

高校计算机基础教育课程改革是其课程体系改革的基础,也就是说现在讨论的课程体系改革是建立在每一门相关课程改革的基础上的。

(4)制定和提出指导性意见

高校计算机基础教育的各级各类专家组织,如各级教学指导委员会、各类学术组织等,可视高校计算机基础教育的发展状况,制定和提出高校计算机基础教育课程体系框架,并分阶段给出课程和课程体系改革的指导性意见或建议,有关高校可学习参考这些意见或建议,设计开发适合本校的计算机基础教育课程和课程体系。

(5)放手学校自主构建相应课程体系

由各高校自主构建高校计算机基础教育课程体系是对高校计算机基础教育课程体系改革的创新。各高校依据教育主管部门对高校计算机基础教育的要求、有关专业学术组织对该课程体系构建的指导性意见或建议、各种类型的教育、各类专业的需求、学生实际情况等,按学校的总体要求,选择构建相应的课程体系,经批准后实施。

(6)引进现代教育技术

现代教育技术对教育的支持的重要性,已成为提高教学质量的关键要素之一。现代教育技术在课程与教学中的应用可包括教学资源库建设、课程和教学的数字化平台开发以及翻转课堂、微课程、MOOC的应用等。现代教育技术在教学中的应用不仅限于技术层面,而且涉及教学的各个方面,因此,在高校计算机基础教育中引进现代教育技术,要从整体层面考虑,进行顶层设计。

2.构建原则

(1)提高课程及其改革的认识

第一,各高校应提高对计算机基础教育及其改革的认识,明确在非计算机专业中高校计算机基础教育的重要作用和定位,传承高校计算机基础教育的历史经验,推动高校计算机基础教育教学改革。

第二,各高校应将高校计算机基础教育课程体系构建的主导权更多地交给用户,即非计算机专业的教师和学生,但前提是必须明确非计算机专业中高校计算机基础教育的重要作用和定位,同时明确构建课程体系要坚持已取得的经验,并在此基础上进行课程体系构建的改革。

(2)确定课程的必修学时、学分与选修学分

明确高校计算机基础教育的重要作用和定位,要落实到具体的学时、学分要求和教学环境保障等。各高校应明确规定高校计算机基础教育课程的必修学时、学分与选修学分,落实教学组织机构,搭建好教学环境。

(3)评估高校新生计算机基本操作能力

肯定作为"狭义工具"的计算机基本操作能力在学生职业生涯和社会生活中的重要意义,肯定计算机应用能力中基本操作能力的作用,正视高校新生掌握计算机基本应用能力"不均衡"的现实情况,评估高校新生计算机基本操作能力,灵活开设达标性课程。

针对计算机"广义工具"而言无论是计算机硬件、软件,还是系统、平台,抑或是计算的思维、行动,对非计算机专业学生而言,都起着"工具"的作用,使用计算机的目的在于解决非计算机专业学科领域的问题。

(4)发布高校计算机基础教育课程目录

各高校可依据课程设计层次框架,对校内开设的高校计算机基础教育课程提出要求。可以由各院校相应的高校计算机基础教育教学机构提出课程大纲、选用教材和其他已具备的相应教学资源和环境等信息,也可

由各院校其他教学单位(如专业)提出拟开设的高校计算机基础教育课程信息,形成校内的高校计算机基础教育课程目录,这一目录是经过各院校审批可能开设的课程。这些课程应体现课程改革的特征,并符合各院校的实际情况。课程开设者以校内的高校计算机基础教育教学机构的教师为主,也可包括非计算机专业的教师,还可以是高校可接受的 MOOC 形式。

(5)构建高校计算机基础教育课程体系

各高校自主构建高校计算机基础教育课程体系,应由各院校对相关课程教学提出具体要求,依据或参照各级教学指导委员会、各类学术组织等提出的高校计算机基础教育课程体系框架、课程和课程体系改革建设的指导性意见或建议,在各院校计算机专家、教师指导下,以非计算机专业对开设高校计算机基础教育课程的意见为主构建本校计算机基础教育课程体系,并提出实施方案,经各院校批准后实施。

3.实施方案

(1)以能力为导向,构建"模块化"课程体系

根据培养标准对学生知识、能力和素质等方面的要求,通过打破课程之间的界限,整体构建课程体系,有针对性地将一个专业内相关的教学活动组合成不同的模块,并使每个模块对应明确的能力培养目标,当学生修完某模块后,就应该能够获得相关方面的能力。通过模块与模块之间层层递进、相互支撑,实现本专业的培养目标,并将传统的人才培养"以知识为本位"转变为"以能力为导向"。

(2)围绕能力培养目标,设置模块教学内容

针对本模块的培养目标有选择性地构建教学内容,将传统的课程改造为面向特定能力培养的"模块"。同时,整合传统课程体系的教学内容,实现模块教学内容的非重复性。另外,充分发挥合作企业所具有的工程教育资源优势,与企业共同开发和建设具有综合性、实践性、创新性和先进性的课程模块。

经过专业教师的反复调研、研讨,将人才培养方案中具有相互影响的、有序的、互动的、相互间可构成独立完整的教学内容体系的相关课程

整合在一起构成课程群。将本专业核心课程划分为基础课程群、硬件课程群和软件课程群。

基础课程群包括计算机科学导论、离散数学、程序设计与问题求解、数据结构等；硬件课程群包括计算机网络、计算机系统结构、计算机组成原理、微机接口技术；软件课程群包括软件工程、操作系统、数据库原理及应用、算法分析与设计。通过课程群整合课程教学内容，规划课程发展方向和新课程的建设，将学生各种能力的培养完全融入课程群之中。其中，确立"程序设计与问题求解""数据结构""面向对象程序设计"和"数据库原理及应用"四门课程为重点建设的核心课程，力求以重点课程的建设带动整个课程体系的建设，力求以点带面的建设促进本专业整个课程建设质量的提升。

4.课程建设

作为教育的主渠道，课程教学对培养目标的实现起着决定性的作用，课程建设是一项系统工程，涉及教师、学生、教材、教学技术手段、教育思想和教学管理制度。课程建设规划反映了各院校提高教育教学质量的战略和学科、专业特点。计算机专业的学生就业困难，但通过课程建设与改革，解决了课程的一些问题。

（1）夯实专业基础

针对计算机科学与技术专业所需的基础理论和基本工程应用能力，构建统一的公共基础课程和专业基础课程，作为各专业方向的学生必须具有的基本知识结构，为专业方向课程模块提供有效支撑，为学生后续学习各专业方向打下坚实的基础。

（2）明确方向内涵

将各专业方向的专业课程按一定的内在关联性组成多个课程模块，通过课程模块的选择、组合，构建出同一专业方向的不同应用侧重，使培养的人才紧贴社会需求，较好地解决本专业技术发展的快速性与人才培养之间的矛盾。

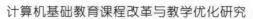

（3）强化实际应用

为加强学生专业知识的综合运用能力和动手能力，减少验证性实验，增加设计性实验，所有专业限选课都设有综合性、设计性实验，还增设了"高级语言程序设计实训""数据结构和算法实训""面向对象程序设计实训""数据库技术实训"等实践性课程。根据行业发展的情况、用人单位的意向及学生就业的实际需求，拟定具有实际应用背景的毕业设计课题。

（二）课程教学改革

1.研究目标

（1）确立计算思维培养地位

无论在国外还是国内，计算思维的研究已经提到了一定的高度，但如何培养计算思维能力是目前计算机教育界值得探讨和探索的问题，如何正确认识和准确定位计算思维在计算机基础课程教学过程中的贯彻和落实，如何针对当今的计算机基础课程教学进行课程内容的改革，以适应社会科技形势发展的需要是当今计算机基础课程教学面临的重要挑战。因此，必须确定计算思维的发展情况，确立思维教学，特别是基于计算思维的教学学科体系。

（2）探索计算教学模式与学习模式

通过对计算机基础课程教学的阐述，探索出基于计算思维方法的课程教与学的模式，并要求学生在教师的指引下，运用计算机基础概念或者计算机的思想和方法、学习知识，解决实际问题；要求教师通过课程的教学内容、教学手段以及教学技术等，使学生掌握计算机方法论，提高计算思维能力，在走向社会时能很快适应工作的要求。

（3）形成系统结构模型

探索基于计算思维的教学模式在语言程序设计、软件工程课程教学中的实践应用，分析课程对应的培养目标，构建教学模式在具体课程的实施程序。探索基于计算思维的学习模式应用，形成"一专（计算思维专题网站）一改（软件工程课程教学中计算思维能力培养模式探索教改项目）"

的系统结构模型。结构模型首先以专题网站对这一新兴思维的本质、特征、发展、原理、国内外动态相关研究、教学案例等进行专题说明;其次,在软件工程课程教学中,运用计算机科学基础概念设计系统,求解问题,理解人类开发设计系统的行为,构成一个以计算思维专题网站为主体、以能力培养为核心、以软件工程教学改革在线学习系统为应用载体的新型计算机基础课程教学改革培养模式,为课程教学中的培养奠定基础。

2. 改革措施

(1)融合多种教学形式

通过将课堂教学、研讨、项目、实验、练习、第二课堂和自主学习等不同的教学形式引入模块化教学环节,学期结束进行专业核心课程的设计实习环节,以一个综合性的设计题目训练和考查学生对专业课程知识的运用能力,实现理论教学与实践教学的紧密结合,强化对学生工程能力和职业素质的训练。

(2)改进考核方式

计算机专业课程内容多,程序设计习题涉及范围广。为此,课程考核从偏重于期末考试改变为偏重于进行阶段考试,学期中可增加多次小考核,这能够使学生认真对待每一部分的学习。

(3)促进教学手段多样化

教师授课以板书和多媒体课件课堂教学为主,并借助相关教学辅助软件进行操作演示,改善教学效果,同时配合课后作业以及章节同步上机实验,加强课后练习。

(4)加强研究教育环节

在研究教育环节上,坚持学生主动参与研究、加速人才成长的基本原则。在研讨学习类课程中,重点教授给学生研究方法、路径。而具体问题的解决则由学生主动地寻找方案。对于今后立志从事研究工作的学生,则让他们及时参与教师的研究团队,使其较早地得到科研环境的熏陶,获得科研方法的指导,促进科研能力的提高。

(三)精品课程建设

目前 IT 专业的自治区级精品课程有"数据库原理及应用""VB 程序设计""数字化教学设计与操作",校级精品课程有"CAI 课件设计与制作"等,对以上课程以及所有核心课程,按精品课程建设的要求,结合精品课程建设项目和教学实践,建成了课程网络教学平台,实现了课堂理论教学、课内上机实验、课程设计大作业、课外创新项目等相结合的立体化教学,切实改善了教学内容、教学方法与手段和教学效果等,产生了一些特色鲜明、内容翔实的教学成果,带动了专业整体课程教学改革和水平的提高,有效地提升了专业教学的质量。

(四)教学资源平台建设

建设开放和共享的网络教学资源平台,不仅为开放式的网络教学和数字化学习提供了极为有利的条件,而且为学生自主学习、协作学习及与兄弟院校共享教学资源创造了一个良好的平台。目前,各院校已完成 C 语言的在线上机测试平台建设并投入使用,C 语言、数据结构、数据库、C♯等课程的试题库、教学视频库、教学案例库的建设已基本完成,正在进行实习资源库、微课、慕课等资源库建设工作。

(五)教学质量监控

1. 课堂教学监控

完善传统教学质量监控体系。通过听课和评课教学监控制度的实施,保证课堂教学的授课质量,通过及时批改学生的作业,进一步了解课堂教学的实际效果,根据学生的学习情况及时对教学方案进行调整。

利用先进的技术手段,强化课堂教学质量监控。启用课堂监控视频线上线下的功能,各类人员可以根据权限,对课堂教学进行全方位的监督、观摩和研讨等。

2. 实践教学过程监控

学院特别强调实践教学质量,包括课程实验、毕业设计和实训、学期综合课程设计以及学生项目团队的项目辅导等方面的工作,课程实验和学期综合课程设计,严格检查学生的实验报告和作品,并对其进行批改和评价。要求毕业设计和实训按时上交各个阶段的检查报告,并对最终完成的作品进行答辩评分。

(六)校企合作构建课程体系

1.共同探讨新专业的设置

新设置专业必须以就业为导向,适应地区和区域经济社会发展的需求。在设置新专业时,充分调查和预测发展的先进性,在初步确定专业后,邀请相关企业或行业部门、用人单位的专家等进行论证,以增强专业设置的科学性和现实应用性。

2.校企合作开发教材

教材开发应在课程开发的基础上实施,并聘请行业专家与各院校专业教师针对专业课程特点,结合学生在相关企业一线的实习实训环境,编写针对性强的教材。教材可以先从讲义入手,然后根据实际使用情况,逐步修改,过渡到校本教材和正式出版教材。

3.校企合作授课

选派骨干教师深入企业一线顶岗锻炼并管理学生,及时掌握企业当前的经济信息、技术信息和今后的发展趋势,有助于高校主动调整培养目标和课程设置,改革教学内容、教学方法和教学管理制度,使高校的教育教学活动与企业密切接轨。同时高校每年聘请有较高知名度的企业家来校为学生讲课并做专题报告,让学生了解企业的需要,让学生感受校园的企业文化,培养学生的企业意识,尽早为就业做好心理和技能准备。

4.校企合作确定教学评价标准

校企合作的教学评价体系需要加入企业的元素,校企共同实施考核评价,除了进行校内评价之外,还要引入企业及社会的评价。高校需要深入企业调研,采取问卷、现场交流相结合等方式了解企业对本专业学生的岗位技能的要求以及企业人才评价方法与评价标准,有针对性地进行教学评价内容的设定,从而确定教学评价标准。

二、教学体系改革

(一)专业实训建设与改革

计算机专业应用创新型人才培养要求学生具有较强的编程能力和数据库应用能力,初步具有大中型软件系统的设计和开发能力,具有较强的学习掌握和适应新的软件开发工具的能力以及较强的组网、网络编程、设计与开发、维护与管理能力。

1. 实践教学师资建设

重视实践教学师资建设,加强教学经验与资源的总结、研究与推广,实现科研与教学的融合,采取引进与培养相结合的方式,不断优化教师队伍结构,全面提高教师队伍的整体水平。例如,积极引进急需的专业人才,同时加快现有师资力量的培养速度,加大"双师型"师资队伍建设的力度,通过选派教师参加企业实践、参加技师培训和考核、参与重大项目开发合作、赴国内外知名高校进修等手段,提高教师的专业理论和技术水平。目前,本专业绝大多数教师具有硕士研究生以上学历,具备从事软件项目的应用开发能力和较强的工程应用能力,同时多人具有在知名软件企业的工作经历,已基本形成既能从事"产学研"开发工作,又具有较高学术水平和发展潜力的教师队伍。

2. 开设专业课程设计教学

专业实践类课程包括与单一课程对应的课程实验、课程设计,与课程群对应的综合设计、系统开发实训等。每一门有实践性要求的专业课程都设有课程实验,根据实践性要求的高低不同开设对应的课程设计,课程设计为1~2个学分。每一个课程群的教学结束后会有对应的综合设计、系统开发实训课,以培养学生的综合开发和创新设计能力。

3. 开展学生创新创业项目

对学生进行专门的创新创业启蒙教育(约5个学时),引导学生增强创新创业意识,形成创新创业思维,确立创新创业精神,培养其未来从事创业实践活动所必备的意识,增强其自信心,鼓励学生勇于克服困难、敢于超越自我。

4.组织学生参加各类竞赛

积极组织学生参加各种专业技能大赛,并组织教师团队对参赛的学生进行专业知识和技能培训。通过参加竞赛充分培养学生的创新思维能力,检验学生对本专业知识、实际问题的建模分析以及数据结构及算法的实际设计能力和编码技能;鼓励学生跨专业、跨系、跨学院多学科综合组建团队,通过赛前的积极备战,锻炼学生刻苦钻研的品质,培育团队协作的精神,增强学生的动手能力,提高学生的创新能力和分析问题、解决问题的能力。

(二)实习改革与实践

实习可以说是高校学生生涯的最后一个学习阶段,在这个阶段,学生学习如何把高校几年所学的专业知识真正应用到职业工作中,以验证自己的职业抉择,了解目标工作内容,学习工作及企业标准,找到自身职业的差距。实习的成功将会是高校生成功就业的前提和基础。为了让学生能尽快适应实习工作,针对应用创新型人才培养的要求,可以围绕实习工作进行以下改革和实践。

1.实践基地建设

积极与行业企业基地联系,开辟实践教学基地和毕业实习基地,积极与企业探讨学生的实习内容与实习形式,给学生创造更多的实践与技能训练的时间和空间,培养学生的实践能力和操作技能,提高学生的管理和实践能力。

根据国内 IT 企业对计算机应用创新型人才的不同需要以及软件企业岗位设置与人员配置的情况,分析本校计算机专业实践基地建设与学生专业应用创新能力现状,提出"教研结合,分类培养,胜任一岗,一专多能"的实践基地建设思路,建立与完善软件开发、通信与网络技术、软硬件销售等多种类型的计算机专业实践基地。同时通过实践基地的建设,提高学生的项目管理、需求分析、数据库设计、软件设计、软件测试、网络技术、硬件安装测试与销售等专业应用能力,更好地实现了本专业分类培养应用创新型人才的培养目标。

2.建立多方面共同考核的实习评价机制

提高地方高校计算机科学与技术专业应用创新型人才培养质量的重点是加强学生实践能力和创新能力培养。在"以生为本,学用并举"的实践教学理念指导下,创建以科研项目形式推进和管理的学科竞赛创新实践模式,建构双师指导,分类培养,建立"两个一"工程导师制,建立学校、软件开发公司、通信网络公司、软硬件销售公司、中等职业学校、IT 企业等实践基地,建立学校、竞赛、公司企业实践基地等共同考核学生专业应用能力的评价机制。

第二节　教学管理改革与师资队伍建设

一、教学管理改革

(一)教学制度

1.校级教学管理

一套成熟的教学制度应具备一个完整、有序的教学运行管理模式,如建设质量监控队伍,建立教学管理制度、教学工作的沟通及信息反馈渠道等。高校教务处应负责全校教学、学生学籍、教务、实习实训等日常管理工作,同时设有教学指导委员会、学位评定委员会、教学督导组等,对各系的教学工作进行全面监督、检查和指导。

高校教务管理系统还应实现学生网上选课、课表安排及成绩管理等功能,另外教学管理工作在学校信息化建设的支持下,还能进行如学籍管理、教学任务下达和核准、排课、课程注册、学生选课、提交教材、课堂教学质量评价等工作。网络化的平台不仅可以保障学分制改革的顺利进行,还能提高工作效率,同时,也能为教师和学生提供交流的平台,有力地配合教学工作的开展。

学校应制订学分制、学籍、学位、选课、学生奖贷、考试、实验、实习及学生管理等制度和规范,并严格执行。在学生管理方面,对学生德、智、体水平进行综合考评,高校学生体育合格标准,导师、辅导员工作,学生违纪处分,学生考勤,学生宿舍管理及学生自费出国留学等都作了规定。

2.系级教学管理

计算机工程系自成立以来,由系主任、主管教学的副主任、教学秘书和教务秘书等负责全系的教学管理工作。主要负责制订和实施本系教育发展建设规划,组织教育教学改革研究与实践,修订专业培养方案,制订本系教学工作管理规章制度,建立教学质量保障体系,进行课堂内外各个环节的教学检查,监督协调各教研室教学工作的实施等。系里负责教学计划与任课教师的管理、日常及期中教学检查、学生成绩及学籍处理以及教学文件的保存等。

3.教研室教学管理

系下设多个教研室,负责专业教学管理,修订教学计划,落实分配教学任务,管理专业教学文件,组织教学研究活动与教育教学改革、课程建设、编写修订课程教学大纲、实验大纲,协助开展教学检查,负责教师业务考核及青年教师培养等。

(二)过程控制与反馈

计算机学院设有教学指导委员会(由学院党政负责人、各专业系负责人等组成),负责制订专业教学规范、教学管理规章制度、政策措施等。高校和学院建立了教学质量保障体系,高校聘请具有丰富教学经验的离退休老教师组成教学督导组,负责全校教学质量监督和教学情况检查等。通过每学期教学检查、毕业设计题目审查、中期检查、抽样答辩、教学质量和教学效果抽查、学生评价等环节,客观地对教育工作质量进行有效的监督和控制。

1. 教学管理规章制度健全

高校以国家和教育部相关法律、法规为依据,针对教师培训制度、教学管理制度、教学质量检查与评价制度、学生学籍管理制度以及学位评定制度等制订了一系列文件,并针对教学管理中出现的新情况、新问题,对教学管理相关文件进行了及时的修订、完善和补充。在高校现有规章制度的基础上,根据实际情况和工作需要,计算机学院又配套制订了一系列强化管理措施,如《计算机工程系教学管理工作人员岗位职责》《计算机工程系专任教师岗位职责》《计算机工程系实训中心管理人员岗位职责》《计算机工程系课堂考勤制度》《计算机工程系毕业设计(论文)工作细则》《计算机工程系教学奖评选方法》《计算机工程系课程建设负责人制度》等。

2. 严格执行各项规章制度

高校形成了由院长→分管教学副院长→职能处室(教务处、学生处等)→系部分级管理组织机构,实行校系多级管理和督导,教师、系部、学校三级保障的机制,健全的组织机构为严格执行各项规章制度提供了保证。

高校还采取全面课程普查,组织校领导、督导组专家听课,每学期第一周(校领导带队检查)、中期(教务处检查)、期末教学工作年度考核等措施,保证规章制度的执行。

二、高校计算机师资队伍建设工作

(一)师资建设

高校应规划出台并修订一系列人才选拔、人才管理和考核的规章制度和措施,旨在大力引进人才,特别是高层次人才,大力培育和激励校内人才,以优化师资队伍结构,激发广大教职工的工作积极性、主动性和创造性,提高高校师资队伍的整体水平。"栽好梧桐树,引来金凤凰",通过全面推进人才队伍建设,使得高校锐意进取、积极开拓,既要"情感"留人、"待遇"留人,更要"政策"留人、"环境"留人,启动教学名师、学科带头人、重点学术骨干、重点学术团队等选拔工作,打造高端人才队伍的建设……以达到"引得进、留得住、用得好"。此外,高校还应着力解决教职工关心的待遇和福利问题。通过提高教职工的福利待遇以及建立竞争激励机制,充分调动广大教职工的积极性、主动性和创造性,增强高校的凝聚力,创造良好的引才育才环境,为人才队伍建设提供"物资"支撑,不断提高高校的教学质量、学术水平和办学效益。

(二)专业教学团队

1.营造良好工作环境

应积极组织专业教师团队坚持统一认识、统一步调,确保整个团队始终围绕既定目标,不偏离方向,通过明确发展目标增强团队成员对自身团队角色和团队整体的认可度,调动团队每一位成员的积极性,激发团队成员的创造欲望。一个良好的团队不仅能为教师创造和谐、民主、团结、有凝聚力的小环境,更能为年轻教师创造良好的学术发展大环境,建立学术骨干梯队和课程教学分团队。

一个 IT 专业教学团队如果形成了分工明确又相互协作的团队风格,大家互相关心、互相帮助、讲奉献、不求索取,遇到困难勇于承担责任而不互相推诿,这样既能优势互补,又能提高工作效率。

另外,为了调动教师的积极性和开发教师的创造欲望,教学团队还应实施教学团队内部绩效分配制度,多劳多得,优劳优酬。将绩效工资与岗位职责、工作业绩、贡献大小挂钩,重点向关键岗位、高层次人才、业务骨干和做出突出成绩的教师倾斜,提高团队的工作效能。

2.注重内涵建设

由于信息科学领域发展迅猛,各种新理论、新技术不断涌现,并快速应用到社会生活和相关生产领域中,技术更新换代较快,这给 IT 专业教学团队带来了一种压力,当然这也成为团队不断学习、不断创新、不断进取的强大动力。因此,加强内涵建设、积极开展教学研究与改革,不断创新、探索新的教学方法和教学模式已成为团队建设的指导思想,使团队在探索中成长在创新中进步。IT专业教学团队要求中青年教师要了解专业现状和发展动态，能够追踪专业前沿，及时更新教学内容，深化教学改革，鼓励中青年教师积极申报教育教学研究课题（包括校级青年科研骨干教师能力提升项目、青年教师基金项目等），指导其在课题研究中快速成长，并大力营造和谐氛围、建立健全机制、增强团队凝聚力。以项目为纽带，健全项目贡献激励机制，通过各种教研教改立项（例如，教育科学规划课题、教改基地精品课程、重点课程、精品专业、重点专业、特色专业、重点实验室、示范中心、教学团队、规划教材、新课程、双语教学、实验研究等）进行团队合作，展开各项活动。

3. 不断提高专业教师的教学能力

一是实行相互听课制度。学院通过组织试讲、观摩、资源共享和经验交流等方式培养青年教师的教学能力。学科带头人和教学负责人定期听课；团队成员之间经常不定期地相互听课；新入团队的教师必须听1～2轮理论课。所有听课教师在听课后开诚布公地对任课教师在教学中存在的问题进行交流，提出个人的修正建议。团队内部气氛融洽，成员均能坦诚相待，对教学建议从善如流。

二是教学研讨和集体备课制度化。坚持集体教研，针对课程教学中的典型问题，组织教师开展教学研究，共同学习、研讨并实施教学改革，经常组织开展评教、集体备课或教学研讨活动。多年来，团队成员之间形成了对教学问题、科研问题探讨、切磋的习惯，在探讨的过程中取长补短，尽量做到大家都提出自己的想法，围绕某一问题进行深入探讨，以达到共同学习、共同提高的目的。

4. 坚持推进优师建设

坚持推进优师建设，加强教学、科研经验与资源的总结、研究与推广实现科研与教学的融合，采取引进与培养相结合的方式，不断优化教师队伍结构，全面提高教师队伍的整体水平。同时要考虑教师队伍的稳定与发展，使教师队伍的年龄结构、职称结构、学历结构趋于平衡，逐步形成以中青年教师、研究生以上学历教师、高中级职称教师为主体,既能从事产学研开发工作,又具有较高学术水平和发展潜力的教师队伍。具体主要措施如下。

一是建立和完善人才引进制度,大力引进高层次人才。制定高层次人才培养和引进方案、有企业背景的双师型人才培养和引进方案,制定人才补充培养、评价、激励的机制和制度,同时注重对人才的目标考核、绩效考核和过程考核,使师资队伍建设走上制度化、规范化、科学化道路。在这些制度的支撑下,学校加大人才队伍建设,面向海内外引进高层次人才,为高层次人才提供良好的科研环境,充实软件工程学科教学与科研力量。

二是加强对外交流,提高中青年教师的教学与科研水平。有计划地安排教师外出进修、学习,提高学历层次;选派骨干和青年教师到国内外著名高校及大型企业进行学术访问交流;根据课程改革需要,安排教师参加专项研讨会;大力支持学科团队参加国内外学术交流活动,提高和促进教师教学与科研水平。

三是完善科研项目配套制度和科研成果奖励制度,加大投入,支持专业教师申报各类高层次研究项目和高等级科学技术奖,改善学科建设平台,实现学科内涵式发展。

四是出台相关政策,支持团队进行"政产学研用"合作研究,提高教师服务经济社会的能力。

(三)教师发展

以全面提高教师队伍素质为核心,按照"充实数量、优化结构、提高质量、造就名师"的思路,采取培养、引进、稳定、整合相结合的方式,建立促进教师资源合理配置和优秀人才脱颖而出的有效机制,努力打造一支师德高尚、结构合理、教学效果好、科研水平高的教学队伍。具体措施如下。

一是通过引进高层次人才,带动专业发展,促进教师科研和教学能力的提高,完善教学队伍的建设,特别要注意引进和聘请具有学科(专业)拓展能力、具有较强的教学科研能力的拔尖人才。

二是加强师德师风的建设,营造良好的教学环境,促进学生品德与专业的同步发展。

三是加大教师培训工作的力度,全面提高教师队伍的业务水平和业务能力,鼓励教师攻读学位和外出进修,加强科研课题和教学课题的申报工作。

四是聘请国内外知名高校和企业的专家学者担任兼职教授或实践导师,增强对外交流,加强校外基地的建设工作。

五是切实加强专业带头人及人才梯队的建设。专业是高校的基本要素,必须以专业为中心构建师资队伍。实施"名师工程",培养一批在同类院校中专业成就突出,具有一定声望的教师。

六是建立教师互助计划,让经验丰富的教师与年轻教师结对子,通过言传身教提高青年教师的教学水平和科研能力。

七是与企业建立合作关系,外派年轻教师赴企业挂职学习和锻炼,参与企业的项目运作、研究和开发工作,为培养"双师型"师资队伍打好基础。

第三章 计算机教学设计与课程教学改革

第一节 计算机教学设计改革

随着社会信息化的加速和计算机教育的蓬勃发展,计算机应用已经渗透到学校和家庭等各个领域。高校计算机教育事业面临新的发展机遇,能否熟练使用计算机完成办公室无纸办公、数据处理、多媒体技术运用等已经成为当今社会衡量高校学生综合素质的一项重要内容,在培养人才的高校中,计算机课程教学是高校教育教学中的重要组成部分。为了适应社会发展和满足需求,有必要对高校计算机教学设计进行改革。

一、教材设计改革

(一)教材设置改进

教材设置的原则就是"先进、有用、有效"的原则进行教材建设,采用立体化教材体系主要包括主教材、实验指导书、习题与解答、电子教案、试题库、多媒体课件、算法实验演示系统等。采取教材选用和自主编写相结合的方式,保证高质量教材进入课堂。按照模块化教学改革要求,以计算机专业应用型人才培养为出发点,组织本系教师并引入企业高端技术人才共同编写适应本专业人才培养的专业课程教材;同时对省部级以上优秀教材与重点教材优先选用,提高优质教材的使用效益。

1. 根据教学难度恰当整合教材

构成计算机软件的程序是由一条一条的机器指令组成的,指令又是由微指令组成的。机器语言程序设计是计算机专业不可缺少的基础课程,但微指令与用户的距离很远,是否要写入教材呢? 在回答这个问题之前,先来认识一下微指令。微指令归属于计算机的硬件范畴,微指令是不能再被分解的硬件动作,再现了科学家融入计算机结构设计中的科学思想和先进文化。在计算机运行的前前后后、分分秒秒中,软件承载着人类的智慧、文化和思想在有序运行。逻辑推理是计算机的天性,计算机的深刻哲理都来源于逻辑推理。计算机的软件能够模拟人类思维的模式来运行,计算机的硬件结构也必须能够适应这种思维流动。可见,微指令就是靠硬件支撑的最小软件元素,了解微指令不但不会增加学习的难度,反而能够使学习与思维联系、电脑与人脑结合、硬件与软件和谐,能够深入浅出地认识计算机的工作原理。

2.挖掘文化内涵,充实教材内容

计算机中蕴藏着丰富的文化内涵,无论教材有多厚都无法包含如此丰富的知识。唯独教学设计为学生提供了将文化融入课堂的良好机会,关键的问题是要弄清什么是计算机文化,以便将计算机文化融入计算机课堂教学之中。

3.挖掘素质教育方面的素材

素质的概念涵盖较广,这里仅就主体能力和智力的提高来说明如何组织教材。作为非新毕业的教师来讲,面对一个新的软件,一般都能制定出包括知识和技能方面的教学目标,并撰写出比较规范的教学大纲,完成每节课的教学方案设计。但如果要求教师在教学中必须包含一定比例的能力培养和智力开发方面的教学内容,可能就不那么容易了。这里的能力是指诸如逻辑思维能力、归纳能力、描述能力、与人合作能力等主体性能力,是与人的思想、动机、动作、反应、神态、举止等主体要素融为一体的东西,生命力强、生命周期长,换句话说,这些外来的能力变成了人的内部素质。智力因素有先天的成分,但后天教育改变智力状态的例子屡见不鲜,计算机因为具有广泛的、深刻的、精致的以及人性化的智力因素,对于提高学生的注意力、观察力、想象力、记忆力等都存在着很大的潜力。可见,计算机必将成为开发人们智力,使人类更聪慧的天然平台。

(二)精品课程引进

计算机专业精品课程的引进对于计算机专业的课程改革有很好的带头作用。不同等级精品课程对于提升学生的专业素质水平也是有帮助的。例如,高级精品课程有"数据库原理及应用""VB程序设计""数字化教学设计与操作",校级精品课程有"CAI课件设计与制作"等。对以上课程以及所有核心课程,按精品课程建设的要求,结合精品课程建设项目和教学实践,建成了课程网络教学平台,实现了课堂理论教学、课内上机实验、课程设计大作业、课外创新项目等相结合的立体化教学,切实改善了教学内容、教学方法与手段和教学效率改革和水平的提高,有效地提升了专业教学的质量。

二、任务设计改革

(一)计算机任务设计改革的基础与原理

在计算机教学中,通过分析任务方向、创设情境以及完成任务、总结评估的教学过程,即为计算机任务教学,其以建构学习理论和以人为本为基础,重在强调设置的意义和互动性在于发挥和培养学生的自主探索能力。教师在整个学习过程中起引导作用,使得学生在其引导下进行探索和启发学习,挖掘学生潜力,促进学生的全面发展。计算机任务教学中,教学原则的遵循对整个教学过程及结果有着重要的意义。首先,在任务教学中,计算机教师建构的情境要与真实相符,也只有这样才可以让学生信服,继而在后续的学习中,让学生获得解决问题的真实体验,积累知识,提升信心。其次,任务的设计要尽量生动有趣,计算机教师可通过将图像、文字以及视频进行整合,然后加入任务设计,让学生在学习中得到美的体验,还要考虑不同层面学生的需求及学习、接受能力等,结合学生的实际情况开展分层教学,实现计算机任务教学的任务模块化和任务个别化。最后,任务设计一定要具有可操作性,通过教师的讲解示范,学生可进行模仿等实践,实现自主操作,学到相应的计算机知识。

(二)计算机任务设计的原则

1. 充分利用多媒体信息技术

为了给学生创设良好的课堂情境,教师可以用图像、文字、声音等多媒体技术进行任务的展示,积极利用"情境教学"完善任务教学中任务的设计。如在学习"word 表格计算"一课时,教师先制作好上课时用的PPT,在开始上课时,计算机教师可以先播放著名奥运歌曲《手拉手》,用优美的旋律吸引学生的注意,紧接着展示令人振奋的奥运冠军夺金照片,展示完毕后,用简洁的语言导入"体会奥运热情、准备处理数据"的学习任务中,这样用多媒体渲染任务,给学生一种视觉和听觉的震撼,营造了课堂情境,也激发了学生学习的热情,后续的百分比计算及 Average 函数和除法计算的学习就一蹴而就了。

2. 关注学生的特殊学情的任务设计

在计算机任务教学中,参与的主体是学生,每个学生在成长环境、生活经验以及知识基础等方面都存在差别,这也会使得其行为习惯、性格特征各有不同。基于此,进行任务设计时应当关注多数学生的共性,并结合学生的学习基础、职业期许、渴望等,设计出可以激发他们潜在"动力"的学习任务。在具体的实施过程中,针对学生存在的挫败感,设计任务时应贴近他们的兴趣点,通过巧妙的任务化解他们面对困难就浅尝辄止的不自信。另外,针对学生有较明确的就业方向和朦胧的从业意识等现状,应在任务的设计中对其憧憬的"工作任务"进行模拟演练,通过针对性的课件设计,使其得到就业技能方面的操作与演练,这必然会激发起学生的学习兴趣与热情。在具体的任务设计中,可进行困难任务的层次化设计,如有一节课的内容是理解并会应用各类汇总进行数据统计和掌握各种排序操作,教学时,要明确排序是分类汇总的一个步骤。所以,依据学生的操作基础,教师给出条件复杂的排序,引导学生提升和巩固操作,然后再引进分类汇总,让学生尝试着进行数据分析,这样层层递进,完成各种任务,学生也会在不断地学习中增强信心,更好应对后续的计算机学习。

3. 尊重学生个体差异的任务设计

在高校学生学习计算机技术的过程中,教师应当在共性中寻找"动力性任务"的动力来源,发挥其重要作用,要讲求共性,但是学生的基础水平等都不是相同的,不能一概而论,针对此种情况,也要尊重学生的个体差异。在具体的计算机任务教学的任务设计中,应注重施教,评价要因人而异。作为教师,要根据学生的情况进行有针对性的差异性评价,并及时针对学生调整任务要求,帮助其完善计算机学习任务,促使其产生继续学习计算机技术的新"动力"。

三、流程设计改革

(一)制定符合社会需求的培养目标

人才培养应主动适应社会发展和科技进步,满足地方经济建设的需要,并以此为导向确定专业人才培养的目标和要求,明确所培养的人才应掌握的核心知识、应具备的核心能力和应具有的综合素质。

(二)制定符合人才培养要求的培养模式

应用型人才既不是纯粹的研究型人才,但是也不完全等同于技能型人才,因此,在应用型人才培养的过程中应有自己特有的模式,应强调实践能力的培养,并以此为主线贯穿人才培养的不同阶段。

(三)制定面向需求的应用型人才培养方案

计算机课程的特点是实践性强,学科发展迅猛,新知识层出不穷,强调实际动手能力,这就要求专业教育既要加强基础,培养学生知识获取的自主能力,又要对培养实践应用能力予以重视。从差异化就业市场人才的角度出发,设计"核心＋方向"培训项目,构建基于计算机基础知识理论体系的专业核心课程,打下坚实的基础,还要对学生未来的发展空间进行考虑。根据就业的方向随时对专业方向进行调整,从而提高学生的适应能力、实践能力和实际应用能力。根据市场需求设置专业方向,突破了按学科设置专业方向的局限,体现了应用型人才培养与区域经济发展相结合的特点,为学生提供了多样化的选择。

1. 培养方案要统筹规范

统筹规范要以国内外同类专业设置标准或规范为依据,统一课程设置结构。课程按三层体系搭建:学科性理论课程、训练性实践课程和理论—实践一体化课程。灵活是指根据生源情况和对人才市场的调研与分析,采用分层教学、分类指导的方式,保证能对不同层(级)的学生进行教学和管理。根据职业需求和技术发展灵活设置专业方向和选修课程,在教师的指导下,学生应能在公共选修、自主教育、专业特色模块等课程中选修,包括跨专业选修和辅修,但改选专业须按学校有关规定和比例执行。

2. 设立长周期的综合训练课程

通过人才培养方案的构建,在基于长周期的软件开发综合训练中,将企业直接引进高校的教学过程中来,使学生在高校学习阶段就可以接触到实际的工作环境和氛围,并直接进入实际的项目开发当中。通过工程项目的培训,不仅可以使学生的专业能力和专业素质有所提高,而且也使得学生的学习兴趣大大提高,缩短了学习与实践的差距,从而创造出一个应用型人才培养的新模式。

3. 体现"宽基础、精专业"的指导思想

"宽"是指能覆盖综合素养所要求的通识性知识和学科专业基础,具有能适应社会和职业需要的多方面的能力;而其"厚"度要适度,根据教学对象的情况因材施教,学以致用;"精"是指对所选择的专业要根据就业需要适当缩窄口径,使专业知识学习能精细精通;专业技能要"长",专业课程设置特色鲜明,有利于培养一专多能的应用型、复合型人才,符合信息技术发展需要和职业需求。

(四)制定"核心稳定、方向灵活"的课程体系

随着计算机学科不断发展,对社会来说,也对计算机人才提出了越来越高的要求,因此,课程体系面临不断的更新与完善,既要适应市场需求的变化,还应跟踪新技术的发展。遵循"基本核心稳定,灵活专业方向"的理念,注重更新和补充学科内容,改革教学方法、教学手段和评价方法,灵活设置课程专业化的方向,核心课程应该相对稳定。需要灵活应对市场变化,及时介绍专业技术的最新趋势,坚持"面向社会,与 IT 行业发展接

轨"的原则,在建立良好基础的前提下,通过理论与实践相结合,培养学生解决实际问题的能力,提升学生必要的理论水平。

四、教学设计改革

(一)加强教学过程的质量控制

课程采用综合评估方式考核,以综合实践项目为例,其考核由平时考勤与表现、设计文档评价、设计成果评价、成果展示和组员组长互评等构成。建立一个基于课程设计和综合实践项目的网络管理平台,利用工程项目质量过程控制和质量管理方法,不断加强对综合性、设计性和创新性实践项目的质量控制。

(二)更新教育理念

在教学设计和实施中考虑多样性与灵活性,为学生提供选择的余地,使学生可以根据自己的兴趣和水平,选择某个专业方向作为发展方向,并能自主设计学习进程。在教学过程中应强调以学生为主体,因材施教,充分发挥学生特长,教师应从学生的角度体会"学"之困惑,因学思教,由教助学,通过"教"帮助学生学习,体现现代教育以人为本的思想,并由此推动教学方法和手段的改革。杜威的"做中学"教育思想,为工程教育改革解决了一个方法论的问题,在这个方法论基础上的 CDIO 工程教育理念,为工程教育改革的目标、内容以及操作程序提供了切实可行的指导意见。在推进专业的教育教学改革研究过程中,解放思想,放下包袱,根据实际情况,制订和落实各项政策和措施,为专业教学取得改革成效提供一个根本保障,基于 CDIO 模式的应用型计算机专业的教育教学改革研究是教师对各项教学工作进行梳理、反思和改进的一个过程。

任何改革的成功都是从理念革新开始的,人才培养模式的改革和实践是教育思想和教育观念深刻变革的结果。经过组织学习,要求每一个参与者都要准确把握教学改革所依据的教育思想和理念,明确改革的目的和方向,坚定信念,这样才能保证改革持续深入地开展下去。

CDIO 模式的大工程理念强调密切联系产业,培养学生的综合能力,要达到培养目标最有效的途径就是"做中学",即基于项目的学习。在这种学习方式中,学生是学习的主体,教师是学习情境的构造者,是学习的组织者、促进者,并作为学习伙伴中的首席,随时给学生提供学习的帮助。教学组织和策略都发生了很大的变化,要求教师要有更高的专业知识和丰富的工程背景经验。CDIO不仅仅强调工程能力的培养,通识教育也同等重要,"做中学"的"做"需要更有效的设计与指导,强调"做中学"也就是要处理好专业与基础、理论与实践的关系。只有清楚地认识到这些,教学改革才不会偏离既定的轨道。

随着我国高校教育的发展,各类高校教育机构要形成明确合理的功能层次分工。高校一定要回归工程教育,坚持为地方经济服务,培养高级应用技术人才,办出特色。

(三)改革学习效果评价方式

在实际的教学过程中,学习效果评价主体的多样化逐渐成了现实;所有学生都要积极参与教学评价,对自己的学习过程和学习结果进行反思,还要积极提出自己关于教师教学的看法;学校领导、主管部门也要积极参与教学评价;还要对教师评价的角色加以转变,使得教师能够成为激励学生进行学习的人,并且也提高了自身的专业发展。评价方式改革的主要内容如下。

1.持续评估学习效果

要对时机评价的整个过程予以充分关注,对教学活动的整个过程来说,都要积极进行评价,必要时还要给予学生相应的鼓励性与指导性评价。对学习效果进行持续评估,更加客观地反映教学过程的"教"与"学"的效果是"教"与"学"互动的基础。该方法有利于学生明确学习目标,同时,也有利于教师提高教学质量。

2.采取以学习为中心的评估

鼓励教师在课程建设工作中将原有的以教为中心的方式改变成以学为中心的方式,教学和评估相互结合,在学生和教师共同学习的氛围中促进教学。这些改革要求教师转变观念,从课程教学的设计入手,采用以学生为中心的多元化评价要素。

3.学习效果与评估方法相一致

以能力培养为本位,强化工程实践与创新能力、创业与社会适应能力培养,评估方法与学习效果相一致。积极推进评价内容的全面化,既要考查学生对专业基础知识的掌握,更要评价学生在实践能力等方面的进步,同时,充分采用书面测试与考试以外如上机操作测试等多样化的评价方法。

(四)强化实践教学环节

教学实践环境包括实验室和校内外实习基地。教学实践环境的建设既要符合专业基础实践的需要,又要考虑专业技术发展趋势的需要。计算机专业要有设备先进的实验室,如软件开发工程实训室、微机原理与接口技术实验室、计算机网络系统集成实训室、通信网络技术实验室、数字化创新技术实验室和院企合作软件开发实践基地等。这些实验室和实践基地人才培养方案的实施提供了良好的教学实践环境,新的计算机人才培养方案应该从真实的企业环境中设计出一个全面的、创新的实践项目,这主要是为了通过校企合作平台不断使实践教学质量有所提升,从而能够进一步培养学生的应用能力。这样的实践项目对师资要求很高:一方面,聘任行业内精通生产操作技术,同时掌握岗位核心能力的专业技术人才参与教学,为学生带来专业前沿发展动态,树立工程师榜样;另一方面,将学生直接送到校外实习基地"身临其境"地实践,使学生能及时、全面地了解最新发展状况,在企业先进而真实的实践环境中得到锻炼,适应企业和社会环境,非常有利于培养学生学以致用的能力和创新思维。

(五)加强教学研讨和教学管理

教育教学改革各项政策与措施最终的落脚点在常规的课堂教学上,因此,加强教学研讨和教学管理是解决教学问题、保证教学质量的根本途径。

定期召开教学研讨会,组织全体教师讨论制订课程教学要点,研究教学方法,针对教学中存在的突出问题,集思广益,解决问题。对于新担任教学任务的教师或者新开设的课程,要求在开学之初必须面向全体教师做教学方案的介绍,大家共同探讨、共同提高。教学研讨的内容围绕教材、教学内容的选择、教学组织策略的制订等而展开,突出教学研究。加强教学管理和制度建设,逐步完善学校、学院、教研室三级教学管理体系,并建立教学过程控制与反馈机制。学校以国家和教育部相关法律、法规为依据,针对教师培训制度、教学管理制度、教学质量检查与评价制度、学生学籍管理制度以及学位评定制度等制定了一系列文件,并针对教学管理中出现的新情况、新问题,对教学管理相关文件进行及时修订、完善和补充。学院一级由院长、主管副院长,教学秘书、教务秘书,教研室主任负责组织和实施各项规章制度;教研室主任则具体负责每一门的落实情况,把各项规章制度贯穿到底。教学督导组常规的教学检查,每学期都要进行的教学期中检查、学生评教活动等能够有效地保证教学过程的控制,及时获取教学反馈,以便做出实时调整和改进,这些制度和措施有效地保证了教学秩序的正常开展和教学质量的提高。

(六)建构一体化课程计划

对于计算机学科的核心课程的建设应该严格遵循专业规范的要求,同时也要注重理论课教学的系统性和逻辑性,这样能够对学生构建完整的专业知识体系起到一定的帮助作用;与此同时,要根据对社会、毕业生和产业的调查结果进行课程的设置,注重对学生工程实践能力和创新能力的培养,从而能够对学生的职业生涯发展起到一定的促进作用。

除此之外,还需要在课程体系上下功夫,分析并解决高级应用型人才培养的实际问题,制订集理论教学、实验教学与工程实践于一体的课程计划。该课程计划注重培养学生的能力,依托综合性的工程实践项目,将学科性理论课程、训练性实践课程和理论实践一体化课程进行有机整合,从而培养学生的基本实践、专业实践、研究创新和创业以及社会适应能力。按照计算机人才培养目标,可以进一步分解上述四种能力,并且将其融入理论课程和实践教学中。

一体化课程计划的实施要求教师有在 IT 产业环境中工作的工程实

践经验,除具备学科和领域知识外,还应具备工程知识和能力,并且能够向学生提供一些相关的案例,为学生提供学习的榜样。该专业具有就业指向性的专业课程教学的实施过程分成两个阶段,由具备学科和领域知识的校内专职教师和具备工程知识和能力的企业兼职教师共同完成。今后,该专业承担专业教学任务的所有教师均应达到上述要求。

五、手段设计改革

(一)课程教学模式改革

1. 改革路径

（1）实施步骤

以"任务驱动法"为核心的教学模式改革的实施过程,主要由四个步骤构成首先是创设情境,其次是确定任务,再次是学生自主学习、协作学习,最后是效果评价。

（2）实施阶段

以"任务驱动法"为主导的教学模式改革将从四个阶段实施。第一个阶段是调研论证阶段,由专业技术骨干成立指导小组,对方法进行调研论证,形成可行性分析报告,并形成改革计划方案。第二个阶段为推广阶段,通过教学示范课、教研活动等方式进行思想及方法的推广。第三个阶段为实施阶段,通过对课程内容的修订、对课堂模式的改进等方法由一线教师实施其教学模式。最后是评价修订阶段,通过对学生学业评价、对教学课堂效果评价等形式对实施过程进行论证及修正,完善其改革模式。

2. 改革要求

（1）教学与实践相融合

①融合多种教学形式,紧密衔接理论和实践教学。

②通过不同的教学形式引入不同的教学环节。

③在学期结束之后进行专业核心实习环节设置。

④实习环节考核方式以一个综合性的设计题目训练和考查学生对专业课程知识的运用能力。

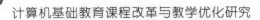

⑤加强对学生专业素质和职业素质的训练。

（2）精进教学考评方式

①本着"精讲多练"的原则改进考核方式。

②课程考核从偏重于期末考试改变为偏重于进行阶段考试，学期中可增加多次小考核。

③注重平时上课、作业、出勤率的相关考核，增加对平时创新性的应用。

（3）教学手段多样化

计算机专业教师在授课的过程中，应该更加注重教学手段的实用性与适应性，实施丰富的教学手段。教师授课以板书和多媒体课件课堂教学为主，并借助相关教学辅助软件进行操作演示，改善教学效果，同时配合课后作业以及章节同步上机实验，加强课后练习。

（4）教育研究不断深化

教学与教研是两种概念，在注重教学过程的同时也不能忽视教研的作用。在研究教育环节上发挥学生的主动性，坚持学生主动参与研究、加速人才成长的基本原则。

在研讨学习类课程中，重点教授给学生研究方法、路径，而具体问题的解决则由学生主动地寻找其方案。对于今后立志从事研究工作的学生，则让他们及时参与教师的研究团队，使其较早地得到科研环境的熏陶、科研方法的指导、科研能力的提高。

3. 教学模式应顺应时代潮流与需求

时代的趋势即社会发展的总趋势，表明人们现在正处于信息技术飞速发展的时代，各行各业的出现、发展、衰落甚至消失都与信息技术的发展程度密切相关，教育也是如此。教师应该培养学生在信息环境中的学习能力，鼓励学生积极、自主、合作地学习。培养学生使用信息技术学习的良好习惯，培养他们的兴趣和专业，提高他们的学习质量。信息技术影响着学生在网络环境下提问、分析和解决问题的能力，特别是在"互联网＋"的背景下，学生的身心与过去相比发生了巨大的变化，师生关系也将随之发生变化。目前,我国高校教育的网络水平也在逐步提高,在加快办学发展的同时,各高校也在教学过程中大力推广和使用网络信息技术,努力增强网络信息技术在教育环境中的优势。然而,通过对当前高校课堂教学模式及其教学效果的全面调查和分析可以发现,网络教学模式并没有充分体现其在高校教育中的优势和作用。这种基于网络的教学模式并不要求高校教育完全放弃传统的课堂教学模式,这两者并不矛盾。如果现代信息技术能融入传统课堂教学,网络教学就能得到充分有效的应用,吸收两者的优点,克服其局限性,大大提高了高校教育的教学质量。

通过分析高校网络教学的现状,可以大致分为两类:第一类是教师利用信息技术媒体在多媒体环境和网络环境中向学生展示抽象而复杂的概念或过程,帮助他们更好地理解和接受这些概念或过程;第二种类型比第一种类型更先进。

教师在整个学习过程中规划具体的课堂环境,采用项目教学法和任务驱动教学法,与教学内容紧密结合,激发学生的好奇心和学习动机,让学生在网络教学环境中独立探索、相互合作,获取知识和技能。在这一教学过程中,教师起着指导和监督的作用,形成了以教师和学生为中心的师生交流模式。教师采用第二种教学模式可以充分调动学生的学习积极性,营造良好的课堂气氛,进一步提高教学效果。同时,他们还培养学生探索、实践和使用信息技术的能力,这对提高学生的就业竞争力有着重要的作用。

为了跟上时代的发展趋势,高校并没有盲目地通过网络改革课堂教学模式,更重要的是,他们已经看到了网络教学相对于传统课堂教学模式的优势。

(1)资源丰富的教学模式

网络教学的本质是自然教育,教育的核心是以现代信息技术为媒介的教育资源网络。像知识的海洋一样,它拥有极其丰富的信息资源,包括来自各方的想法和观点,还有各种表达形式,如文本、图像、视频和数据库。这些资源有多种形式,并通过图片和文本进行说明。许多著名教师愿意分享他们自己的学习材料、讲座、公开课、优秀课程,甚至小到他们自己的教学计划。与此同时,互联网上有许多学习网站通过搭建平台吸引学生。例如,新的学习模式——微课,通常持续 5～8 分钟,基本上不超过10 分钟。教师关注课堂教学中的问题或知识点,内容简洁、主题突出、学习效果稳步提高。微课教学作为一种新型的教学资源,正在慢慢进入每个人的视野,吸引着越来越多的人进行学习。

(2)资源开放的教学模式

有了网络教学,分散在世界各地的人们可以在虚拟教室里一起学习和讨论,而不受时间和空间的束缚,他们还可以访问其他相关的知识点或论点,以拓宽视野、拓宽思维,培养开放的思维习惯。此外,由于网络教学不受课堂时间和地点的限制,不同的学生可以根据自己的实际情况和学习进度安排自己的学习时间,从而进一步提高学生的主动性和自主性。与此同时,政府还鼓励高校积极开展有自己特色的网络课程,学校还制定了政策,鼓励教师在网上提供自己的课本、信息和知识资源。

(3)资源共享的教学模式

它可以更好地促进教育资源、数据资源、硬件资源和软件资源的共享,让高校的学生可以跨院校选择班级,校外学生通过在线教学获得的学分可以被识别和转换,这有利于学生的个性化发展。此外,在网络教学的影响下,边远山区教学条件落后的学生也可以在教学能力强的教师的指导下,实时了解相关的教育法规和政策,获得丰富多样的教学资源。基于网络的教学打破了学校和国家之间的界限,学生可以决定如何接受教育。

(4)交互性强的教学模式

因为网络拥有丰富生动的信息资源和强大的互动能力,学生可以快速获得他们需要的信息,学生和教师、学生和学生都有机会充分交流和沟通。在网络教学中,在教师向学生解释知识内容的过程中,学生和教师可以深入分析某个问题并相互交换意见。教师可以及时得到学生的反馈,以改进他们的教学方法。借助网络,学生可以通过教学平台与其他研究人员、博物馆和图书馆以及其他学生或网络上的信息资源进行交流,以便及时了解他们的进步或不足,并相应地调整他们的学习,从而不断培养他们的能力,提高他们的知识水平。

(5)个性化的教学模式

到目前为止,已经有许多高级教师注重培养学生的学习自主性。对于不同的学生,他们的个性、智力、学习兴趣和学习能力是不同的,教育也应该尊重这种个体差异。高校基于网络的课堂教学模式改变了传统的教学模式,使以教师为中心的教学成为以学生为中心的教学。通过独特的信息数据库管理技术,学生的学习过程、阶段和个性数据可以被完全跟踪和记录,然后存储,这样教师可以根据学生的差异安排学习进度,选择教学方法和材料,并向学生提出个性化的学习建议。在教师的指导下,学生可以根据自己的实际情况自主选择所需的知识,真正实现个性化教学。

无论是继续使用传统的教学模式,还是推广网络教学模式,归根到底,都是为了培养学生的自学能力,激发学生的学习兴趣,帮助学生做出正确的判断,然后快速获得知识和技能。只有这样,在进入社会后,高校毕业的学生才能够面对各行各业的竞争,成为有用的人才,不会随着时代的变化而被社会淘汰。在充分利用信息技术设计先进教学条件的基础上,网络课堂教学模式整合了教师的教学资源,基于项目的教学模式分解了教学任务,让学生能够有意识地分组学习,在业余时间或日常生活中,极大地激发了学生的学习和参与热情,提高了学生自主学习的广度和深度。因此,构建多元化的网络职业课堂教学模式势在必行。

(二)教学模式评价改革

1.实施教学质量监管模式

重视对教学质量的监控,包括对课堂教学质量的监控以及对实践教学质量的监控。

(1)课堂教学监管

完善传统教学质量监控体系。通过听课和评课教学监控制度的实施,保证课堂教学的授课质量。通过及时批改学生的作业,进一步了解课堂教学的实际效果,根据学生学习情况及时对教学方案进行调整。

利用先进的技术手段,强化课堂教学质量监控,启用课堂监控视频线上线下的功能,各类人员可以根据权限,对课堂教学进行全方位的监督、观摩和研讨等。

(2)实践教学监管

课程设计以及学生项目团队的项目辅导等方面的工作。对于课程实验和学期综合课程设计,应严格检查学生的实验报告和作品,并对其进行批改和评价。要求毕业设计和实训按时上交各个阶段的检查报告,并对最终完成的作品进行答辩评分。

此外,学院还重视教学质量分析,具体操作为逐级填写教学质量分析报告:教师根据所授课程的学生作业和考试情况,填写课程教学质量分析报告;教研室主任根据本专业教师教学、学生成绩、实习基地反馈意见等综合情况填写专业教学质量分析报告,分析教学过程中所存在的问题以及教学改革与创新的效果,为教学研讨和教改指明方向。

2.教学评价模式改革

(1)评价标准

根据职业教育的特点,结合"校企对接、能力本位"的培养模式,与企业联合制订出以考核学生综合职业能力为目的的评价方案。

坚持学校的"五考核"(基础素质考核、普通话考核、计算机能力考核、专业技能考核、学业成绩考核)要求,在此考核标准的前提下,本专业将在基础素质考核中加入企业元素,通过与企业交流,将企业相关的文化知识,产品知识与操作常识引入考核体系。

(2)考核标准

在专业技能考核中对接企业,注重能力本位的核心思想,使专业技能考核与企业案例相结合,通过对综合能力的考核,测评学生的职业能力。同时将办公自动化,企业网组建,广告设计,VI创作指南,综合布线技训等课程的实训过程(实验报告、作品等次、任务完成等)纳入学业成绩考核评价体系。在计算机能力考核方面将注重与社会考证相结合,以模拟计算机考证真实环境为依托,提高学生在校期间取得认证的能力。通过以上考核模式的修订,着力打造学校、企业、社会共同参与的"三评合一"的学生评价模式。

(三)实践教学体系的改革

1.教学体系的改革

(1)实践教学标准的设立

实践教学体系的改革首先要确定实践教学标准。构建实践教学体系并制定标准,分析应用型高校计算机专业实践教学体系及其实施过程中存在的不足,提出构建培养应用创新型人才的"基本操作""硬件应用""算法分析与程序设计""系统综合开发"四种专业能力的实践教学体系,并给出具体途径、方法及实施效果,使学生在理论课程学习的基础上,有方向地掌握实践知识和开拓创新思维,所学的知识与未来的就业联系密切,学习更有动力。

(2)实践教学内容的改革

不断丰富实践教学内容,对教学内容进行改革。实践教学内容的改革对于培养学生的团队精神与实践能力是具有重要意义的。计算机专业的课程除了要与时俱进之外,更要注重前沿动态,跟上时代发展的步伐固然重要,但是也要有一定的前瞻性。例如,一个方向是微软平台的开发工具,如 C++、ASP、NET 等开发语言,一个系列是以 Java 为基础的跨平台开发工具,如 Java、JSP 等开发语言,要勇于突破先前的技术方法。

(3)实践教学教师人才的储备

理论教学与实践教学是计算机专业教学的两大方向。目前各个院校都不缺理论型的教师人才,关键就是做好对于实践教学教师人才的储备工作,加大对实践教学教师队伍的建设。

重视实践教学师资队伍建设,实践教师的选拔与理论型教师应该有所不同。实践教师应该具有一定的工作经验,注重实践教学与教学科研的能力,可以进行实践教学教师的人才储备,定期召开工作会议,总结经验,不断优化教师整体队伍的建设。

除此之外,还要对目前学校的教师队伍进行定期的培训。高校应该积极鼓励教师在教学科研方面的工作。对于开展校企合作的院校可以让教师与企业合作,共同参与研发重大的科研项目,提供给教师一定的进修机会与名额,有一定工作经验的教师在实践教学的过程中比较有优势。

（4）实践教学实验室的建设

除了实践教学的实训基地之外，最重要的实践教学的场所就是学校的实验室。对于建设计算机专业的实验室，也是计算机专业实践教学体系改革的重要举措之一。

经过多年的努力，建立了多个计算机的专业研究所以及各级实验室，如模式识别与智能系统实验室、高校生科技实践与创新工作室、智能信息处理实验室，还应该建立带有院校特色的校重点实验室，如科学计算与智能信息处理实验室，为学生开展课程实践创新创业活动提供坚实的硬件环境基础。

2. 实践教学模式的发展

（1）多样化教学模式探索

对于计算机专业而言，实践性的要求自然会比一些专业要高，对于实践教学模式的探索也应该建立在多样化的基础上。

多样化教学模式探讨，把适合实践课程教学的教学理论方法如任务驱动式、多元智力理论、分层主题教学模式、"鱼形"教学模式等综合应用到网页制作、数据库设计、程序设计、算法设计、网站系统开发等课程中，利用现代通信工具、互联网技术、学校评教系统以及课堂、课间师生互动获取教学效果反馈，根据反馈结果及时调整教学方式和课程安排，有效解决学生在理论与实践结合过程中遇到的问题，在解决问题的过程中逐步提高学生的应用创新能力。

（2）有层次地开设实践课程

对于实践课程的开设应该是有目的、有层次的。专业课程也是院校学生发展必不可少的一种素质提升。计算机专业课程的理论与实践的课程设置与学分的配比情况应该有所改变，理论课程与实践课程应该是基于同样地位的，理论知识是良好开始，那么实践课程就应该是完美的结束。既有理论框架又有实践能力，这才是学校应该培养的计算机专业人才。

专业实践类课程包括与单一课程对应的课程实验、课程设计，与课程群对应的综合设计、系统开发实训，等等。每一门有实践性要求的专业课程都设有课程实验，根据实践性要求的高低不同开设对应的课程设计，课程设计为1～2个学分。每一个课程群的教学结束后会有对应的综合设计、系统开发实训课,以培养学生的综合开发和创新设计能力。

（3）"四位一体"实践模式的应用

实践教学的指导理念就是为学生的发展所服务,所进行的实践课程与实践活动也应如此。学校可以使用"四位一体"实践教学新模式,训练学生的实践能力。积极开展实验实习实训活动,特别大力开展特色实践教学建设,由"实践基地＋项目驱动＋专业竞赛"共同构建实践平台,实现"职业基础力＋学习力＋研究力＋实践力＋创新力"的人才培养模式。

3.培养学生创新与团队意识

（1）创建学生兴趣小组

引导学生按年级层次建立兴趣小组或参与项目开发小组、科研小组,突出知识运用能力和交流能力的培养。

创建学生兴趣小组也是锻炼学生实践能力的一种方式。兴趣小组可以在教师的指导之下,与团队磨合、合作共同完成一项活动。动手、创新、合作能力都可以加以锻炼。校企合作的院校可以针对企业的相关项目创建小组。项目开发小组的服务对象主要是即将毕业的计算机专业的学生的实践能力,还可以以此作为毕业课题,一举两得。

（2）组织竞赛活动

高校应有目的地组织学生参加各类竞赛,突出创新思维能力和团队协作能力培养。高校还应积极组织学生参加各种专业技能大赛,并组织教师团队对参赛的学生进行专业知识和技能培训。

教师应通过各种竞赛充分培养学生的创新思维能力,检验学生对本专业知识、实际问题的建模分析以及数据结构及算法的实际设计能力和编码技能;鼓励学生跨专业、跨系、跨学院多学科综合组建团队,通过赛前的积极备战,锻炼学生刻苦钻研的品质,培育团队协作的精神,增强学生的动手能力,提高学生的创新能力和分析问题、解决问题的能力。

（3）鼓励学生创新

创新不仅是院校更是国家大力支持的。各高校应开展学生创新创业教育和鼓励学生申报创新创业项目。教师应对学生进行专门的创新创业启蒙教育,引导学生增强创新创业意识,形成创新创业思维,确立创新创业精神,培养其未来从事创业实践活动所必备的意识,增强其自信心,鼓励学生勇于克服困难、敢于超越自我。

各高校应鼓励学生申报校级、区级、国家级创新创业项目,安排专业知识渊博、实践经验丰富,特别是有企业工作经验和科研项目研究经验丰富的教授、博士、硕导作为项目指导教师,对学生的项目完成过程进行全程指引,以促进培养学生的实践应用创新能力。

六、环境设计改革

(一)基础建设与实施环境

1.完善质量监控机制

(1)建立高效的教学质量监控体系

高校应该严格按照教学质量评估的要求,全面监控主要教学环节的质量。对教学活动来说,应该严格执行教学计划、教学大纲、教学任务以及教学进度和课程表,明确每个人的责任,从而能够确保教学活动和教学过程的规范、有序。制订教学资料归档要求,并为每一门课程配置课程教学包。

(2)建立多层次、全方位的教学监督反馈机制

第一,实施校院两级监督评估制度,建立二级教学监督委员会,特别是聘请具有丰富教学经验的教师组建教学督导委员会,负责监督和指导该行业的专业教学。还要建立日常的教学检查体系,及时反馈考试成绩和教师及相关领导反映的问题,以促进教学质量的提高。

第二,实施学生评教和学生信息员制度,并在每学期期中教学之后进行学生评教。学院应该向教师及时反馈学生的评教情况,积极鼓励教师对其教学方法进行改进,以促进教学质量的提高。学生信息员则不定期将学生对教师教学情况的意见通过辅导员反馈到教学秘书处,帮助学院及时发现和解决教学过程中可能存在的问题。

2.建立课程负责人制度

本着夯实基础、强化应用、项目化教学的原则,根据培养目标要求,在 CDIO 大纲的指导下,以学生个性化发展为核心,以未来职业需求为导向,大力推进课程建设和教材建设。针对计算机课程所需的基础理论和基本工程应用能力,根据前沿性和时代性的要求,构建统一的公共基础课程和专业基础课程,作为专业通识教育学生必须具备的基本知识结构,为专业方向课程模块提供有效支撑,为学生后续学习各专业方向打下坚实的基础。教材内容要紧扣专业应用的需求,贯穿"新、精、少"的原则,在编排上要有利于学生自主学习,着重培养学生的学习能力。

3.建立高效的管理与服务

专业或所在分院应配备专职管理人员,处理教学教务日常工作。教学管理人员应以"一切为了学生成才,一切为了教师发展"为基本指导方针,树立"为教学服务、为教师服务、为学生服务"的理念,从被动管理走向主动服务,树立新的观念,研究未来社会对人才的需求趋势、人才培养的现状与社会需求之间的差距以及与其他高校相比较的优势和不足,为教学改革提供支持。在管理的过程中,应该充分发挥自身的专业优势,可以通过使用教务管理系统、课程教学平台等信息化手段提高管理的效率和水平。

4.完善教学条件,创造良好育人环境

在计算机课程的建设过程中,按照教育部高校教育评估的要求,结合创新人才培养体系的有关要求,紧密结合学科特点,不断完善教学条件。

①重视教学基本设施的建设。多年来,通过合理规划,积极争取到高校投入大量资金,用于新建实验室和更新实验设备、建设专用多媒体教室、学院专用资料室,实验设备数量充足,教学基本设施满足了高校教学和人才培养的需要。

②加强教学软环境建设。在现有专业实验教学条件的基础上,加大案例开发力度,引进真实项目案例,建立实践教学项目库,搭建课程群实践教学环境。

③扩展实训基地建设范围和规模,办好"校内""校外"实训基地,搭建大实训体系,形成"教学—实习—校内实训—企业实训"相结合的实践教学体系。

④加强校企合作,多方争取建立联合实验室,促进业界先进技术在教学中的体现,促进科研对教学的推动作用。

5.教学资源与条件

(1)实验室

在实验教学条件方面,计算机专业一般应设有软件实验室、组成原理实验室、微机原理与接口技术实验室、嵌入式系统实验室、网络工程实验室、网络协议分析实验室、高性能网络实验室、单片机实验室、系统维护实验室和创新实验室。

软件实验室主要进行程序设计、管理信息系统开发、数据库应用、网页设计、多媒体技术应用、计算机辅助教学等知识的设计实验。在本实验室中可以设计建设网站,锻炼将复杂的问题抽象化、模型化的能力;熟练地进行程序设计,开发计算机应用系统和 CAI 软件,能够适应实际的开发环境与设计方法,掌握软件开发的先进思想和软件开发方法的未来发展方向;掌握数据库、网络和多媒体技术的基本技能。

计算机组成原理实验室用于开设组成原理等课程的实验性教学,通过实验教学培养学生观察和研究计算机各大部件基本电路组成的能力,加深专业理论和实际电路的联系,使学生掌握必要的实验技能,具备分析和设计简单整机电路的能力。

微机原理与接口技术实验室用于开设微机原理与接口技术等课程的实验性教学。微机原理与接口技术课程设计作为微机原理与接口技术课程的后续实践教学环节,旨在通过学生完成一个基于多功能实验台,满足特定功能要求的微机系统的设计,使学生将课堂教学的理论知识与实际应用相联系,掌握电路原理图的设计、电路分析、汇编软件编程、排错调试等计算机系统设计的基本技能。

网络工程实验室通过网络实验课程的实践,使学生了解网络协议体系、网络互联技术、组网工程、网络性能评估、网络管理等相关知识,能够灵活使用各类仪器设备组建各类网络并实现互联;能够实现由局域网到广域网再到无线网的多类型网络整体结构的构架和研究,具有网络规划设计、组建网络、网络运行管理和性能分析、网络工程设计及维护等能力。

（2）实训基地

计算机专业的学生教育不可缺少的环节就是实验、训练和实习,因此,各高校对实习、实训基地的建设十分重视。与企业合作力度的加强,对建设实习基地起到了一定的推动作用。各高校大力聘请企业工程师给学生提供一些相关的学科课程,并且还组织学生观看并参与企业项目的研发过程,方便学生及时了解专业发展的相关动态。在建设实习基地的同时,将基地建设推向大型企业单位,并对实习期进行延长,以学生的实习促进学生的就业,以学生的就业推动建设新的实习基地。

（3）教学环境

应用型人才培养应具备良好的应用教学环境,除一般的教学基础设施外,还应具有将计算机硬件、网络设备、操作系统、工具软件以及为开发设置的应用软件集成为一体的应用教学及实验平台,为学生搭建一个校企结合的实训平台,以缩短学校和社会的距离。此外,应做到以下两点:建立健全课堂教学与课外活动相渗透的综合机制,即坚持课堂教学与课外活动的相互补充、教学管理机构与学生管理机构之间的协调合作、教师与学生之间的经常性互动与交流;将提高学习兴趣、拓宽知识视野、增强实践能力和培育理论思维能力紧密地结合起来,为培养综合性复合型人才创建优良的教学环境。

（4）教材建设

教材是教学改革的基础。教材建设的基本原则是紧密结合专业人才培养目标积极进行统筹规划,并且还要把选用与自编结合起来,对教材体系进行分层次、分阶段的完善。通过吸收国内先进教材的经验,并通过组织一系列满足模块化要求的教材积极进行创新。

6.教学管理与服务

通过树立服务意识,促进教学管理从被动管理转向主动管理,建立一套完善的教学管理和服务机制,确保专业教学管理的规范化和程序化,为教学改革提供支持。

①成立由学校、政府部门、企业的专家和领导组成的"专业指导委员会",全面统筹本专业建设。以产业需求为导向,制定相应的机制提高企业的参与度,广泛吸收产业界专家积极参与研究和制订的人才培养的方案上来,建立的人才培养方案不仅要符合地区企业的发展需求,而且也要符合专业发展的规律。应结合地区发展的实际情况,不断在教学的过程中审核和修订已经制定的人才培养方案。

②建立模块化教学体系质量保障系统,为了能够确保模块的质量,应从模块规划、模块实施和模块评价三个方面对相应的制度进行制订。通过不断调查企业人才的知识与能力上的需求,每年都会更新模块的教学内容,与此同时,还安排了具体设计模块教学内容的负责人,并组织协调该模块的教学,从而使模块的教学内容可以将专业发展的现状充分反映出来,并且还能够与企业发展的需求相适应。

③成立专业教学督导组,对专业教学实行督导、评估。专业教学督导组的常规工作包括:每位督导员每学期至少完成 16 次随堂听课任务,并针对教师教学中存在的问题给出指导和建议,做到督、导结合;抽检每学期考试试卷、毕业论文和其他教学过程材料,并给出客观评价,督促及时整改;每学期召开 2～3 次教学座谈会,对教学内容、教学方法、教材使用等进行全面交流,并对存在的问题提出改进意见和建议。

④推行过程考核制度,全面考核学生的知识、能力和综合素质。针对理论教学环节,除期末考试外,增加考勤、随堂测验、小论文、读书笔记等多种考核项目;对于实践(训)教学环节,增加预习、过程表现、实践(训)报告等过程考核项目。

⑤构建信息化的教学和管理平台,实现信息采集、处理、传输、显示的网络化、实时化和智能化,加速信息的流通,提升教学和管理水平。同时

引入网络实验系统、虚拟实验系统与数字化教学应用系统,提高教学设备与资源的利用率。

(二)注重学科建设和产学合作

1. 注重学科建设

学科和科研水平是一所高校核心竞争力的重要标志,因此,学科建设首先要树立信心,克服畏难和浮躁情绪,扎实稳步推进。同时,还应把握好自身的区位优势,瞄准地方重大战略需求和社会经济热点开展学科建设,与科研工作形成良性互动。立足现有基础,采取"以信息技术学科群为基础、突出重点、形成合力、凝练特色"的战略,应着重在以下几个方面进行学科建设。

(1)凝练学科方向,完善学科梯队结构

按照学科方向进行人员组织,由教师结合自身的研究兴趣确定所属学科方向梯队,培养一支在年龄、职称、学历结构上合理,具有创新精神、充满干劲与热情、团结合作的学术队伍。在组建科研队伍时,应坚持老中青相结合,并选拔高水平的学科带头人,从而打造合理和相对稳定的学科梯队。

(2)在学科建设中吸收高层次拔尖人才

高校的学科建设要有高层次拔尖人才作为领军人物和应用学科的带头人,他们不仅要有坚实的理论基础,还要有工程经验或技术研发能力以及对应用领域的广泛知识、创新能力和沟通能力。学科带头人的水平和能力决定了该学科的水平和影响力,因此,高校和科研机构的学科带头人都要聘请和选拔高层次专业拔尖人才,高校在引进人才的工作过程中,特别是遇到领军人物时,可实施一把手工程,切实解决引进中的问题、困难等。

(3)在学科建设中建立科研开发平台

应用型高校的学科是培养应用型人才、科研开发的基本平台,学科建设是建立人才培养和科研开发的基本单元。因此,学科建设中要建立完善的科研开发平台,包括研究所、研究基地或中心、重点实验室等。

（4）学科建设需要有团队的齐心协作

一个学科除要有学科带头人外，还要搭建一支学术梯队，形成学术、科研和教学团队，要根据规划不断调整学科队伍，建立合理的学术团队确立研究方向、建设研究基地以及组织科研工作，改革教学计划，提高教学水平。

2.注重产学合作

从应用型高校培养应用型人才的特点来看，产学合作是必由之路。应用型人才的核心竞争力其实就是生产第一线最需要、最有用的能力，而这种能力的培养必须同生产紧密结合才能有效。应用型院校大多比较年轻，无论从硬件角度还是软件角度来看，都无法与一些老牌院校尤其是重点高校相比。因此，应用型高校要想在高校中占有一席之地，必须具备自己的特色，即应该坚持走产学结合之路。

应用型高校应深刻地认识到产学合作是培养应用型人才的重要途径，在人才培养思路上，应紧紧围绕高等教育的目标和地方经济发展对人才培养的要求，以就业为导向，以服务社会、产业需求为中心，将培养具有开拓精神和创新能力的应用型人才作为根本任务。应用型高校还应不断更新实践教学内容，加大实践教学课程在整个课程体系中的比重，把最新的实践成果、方法和手段纳入实践教学体系中，积极鼓励学生参与创业活动和教师的课题研究，强化学生将抽象理论转化为实际工作的能力，从而提高他们的创新精神和实践能力。

在教师的教学过程中，为了能够使培养的人才充分符合市场的需求，并且能够使毕业生转变为企业员工，高校和企业应该共同建设教育和实践的平台，优先开展企业培训和实习的工作，从而使高校和企业能够密切结合，以满足企业对人才知识、能力和素质的综合要求。产学合作是专业建设的重要支柱，是应用型人才培养的重要途径。产学合作的目的是培养学生的综合能力，提高学生的综合素质，提高校业竞争力，要对多种教育环境和资源进行充分利用，将理论学习与工作实践相结合，提高人才培养的适应性和实用性，从而能够实现企业、学校和学生的多赢。

在产学合作中,高校具有教育优势,而企业直接为社会提供产品和服务,代表真实的社会需求。高校和企业共同进行产学合作的开展,合理利用高校和社会这两个教育环境,合理开展理论研究和社会实践,制定与社会需求更加贴近的人才培养方案、教学内容和实践环节,对高校教育和社会需求相脱节的问题解决有一定的帮助作用,使得人才培养与需求之间的差距不断缩小,提高了学生的职业竞争力,达到培养应用型人才的目的,起到了学生、社会、高校互利互惠的效应。

大部分这个领域的学生更愿意在毕业时直接工作,特别是从事信息产业生产或者其他各种信息服务。要想促进学生核心竞争力的提高,应该密切关注在校期间学生专业素质的发展和提高。

(1)多渠道增强学生的职业素质

在新生教育阶段,教师就应该不断启发学生对职业生涯的规划进行思考,将在校学习与未来的职业规划结合起来。在校学习阶段,通过课堂教学、企业家论坛、实训等形式,学生逐渐对行业要求认同,并且自身也在不断增强其职业素质。在课程训练和短学期训练中,学生应该和实际参加工作一样,必须在纪律、着装、模拟项目开发等方面严格遵守企业的规范要求。

(2)建立实训基地

各高校通过建立完善的企业发展环境和文化氛围,引进企业管理的模式,不断培养学生的职业素质,从而形成基于实战的互动式教学模式。对于实训项目,应来源于真实的项目,即在真实的环境下开发项目,并且要按时、按质完成,对学生的学习来说,就好比去参加工作,在学习的过程中,要时常进行分组讨论,不断发表自己的见解和看法,从而能够真正实现互动教学的意义。学生在经过这种类型的"真枪实战"的训练之后,在未来就业时就能够直接加入实际项目,并且通常都会受到用人单位的欢迎。

(三)构建校企合作课程体系

1.课程设置

(1)重新定义专业

在校企合作的模式之下,对于计算机专业的定义就应该有新的定义,对于在课程的设置上也应该有所改变。与企业合作的意义就在于适应市场需求、了解市场动态、与就业相联系。因此,对于专业的重新定义就显得尤为重要,做好市场调查工作,将专业设置方向精准定位等工作完成之后。高校与企业共同商议邀请专业教师与企业相关部门的领导人进行考证,以增强计算机专业的实用性与现实意义。

（2）研发课程内容

在校企合作的背景之下,对于研发课程要求也应该有所不同。课程开发应考虑到实现教学与生产同步,实习与就业同步。校企共同制订课程的教学计划、实训标准。学生的基础理论课和专业理论课由学校负责完成,学生的生产实习、顶岗实习在企业完成,课程实施过程以工学结合、顶岗实习为主。各专业的教学计划、课程设置与教学内容的安排和调整等教学工作应征求企业或行业的意见,使教学计划、课程设置及教学内容同社会实践紧密联系,使学生在校期间所学的知识能够紧跟时代发展的步伐,满足社会发展的需要。

（3）教学标准评价

校企合作的教学评价体系需要加入企业的元素,校企共同实施考核评价,除了进行校内评价之外,还要引入企业及社会的评价。需要深入企业调研,采取问卷、现场交流相结合等方式,了解企业对本专业学生的岗位技能的要求以及企业人才评价方法与评价标准,有针对性地进行教学评价内容的设定,从而确定教学评价标准。

（4）合作研发教材

既然对于专业的设置都有新的定义,自然对于教材的使用也应该有所不同。教材开发应在课程开发的基础上实施,并聘请行业专家与学校专业教师针对专业课程特点,结合学生在相关企业一线的实习实训环境,编写针对性强的教材。教材可以先从讲义入手,然后根据实际使用情况,逐步修改,过渡到校本教材和正式出版教材。

2. 教学设置

（1）授课要求

校企合作的好处就是教师与学生可以深入企业内部,进行一线的学习可以起到锻炼学生的作用。在授课方式上可以选择校企合作授课,高校可以进行统一规划,定期选派教师深入企业学习,企业可以安排学生负责具体的工作内容加以锻炼。高校与企业一起合作,以市场需求为导向,共同对计算机专业的课程与教学方式、内容、管理制度进行改进。高校为企业输送人才,企业为学校提供实践的机会,双方互利,实现共赢。

（2）共享实习基地

毕竟院校实习的基地有限、能力有限。但是,校企合作之后实习基地实际上可以共享。高校与企业共享实习基地,不仅可以优势互补,也可以节约成本。基地是可以长时间使用的,基地不仅是高校的师生了解企业的一张入场券,更是发挥基地的应有价值与培养学生的综合素质的重要途径之一。

(四)校企合作共建实习实训基地

1. 校企合作共建实习实训基地的特征

在校企合作的基本合作模式中,高校教师积极参与学生培训的过程,学生理论和实践相结合的教学更有针对性,在校园内进行实习生培训,便于高校管理。

2. 校企合作共建实习实训基地的类型

（1）校企出资共建模式

高校和合资企业根据双方的优势规划培训基地,承担培训基地的硬件或软件建设任务。基本培训由双方共享,双方共享使用权。高校开设培训课程,主要执行教学培训和公司员工培训等任务。

（2）引企入校式

换句话说,高校已经建立了吸引公司到高校的场所,以免费或低租金的形式开展生产管理活动。培训基地将为学生创造真实的生产实习环境,使用成熟的产品、熟练的工人、经验丰富的管理人员为学生创造真实的实践培训环境。

（3）引产入校式

高校给予自建实训基地的设备设施、师资、学生等条件,引进企业产品进行加工生产和销售,学生在基地熟练技术、完成顶岗实习。

（4）企业投资式

企业投资是指企业利用高校场地在高校校园内建设实训基地，高校允许其在课余时间为学生提供有偿服务来收回投资的模式。

3. 校企合作共建实习实训基地的意义

高校和公司之间的合作以及实习培训基地模式的建立是高校、公司和学生之间合作的一种形式。校企合作基础培训模式的构建是高校、企业和学生共赢的合作方式。高校方面，通过实践培训基地模式的合作建设，解决了学生实习的问题，校园实习培训活动便于学生的日常管理。公司方面，在实习培训模式中，教师需要接受培训，公司利用合作院校教师丰富的知识储备支持研发活动。学生方面，学生在实习培训中习惯了精密的机械和设备，提高了学生的能力，并为找工作奠定了基础。

第二节　计算机专业核心课程教学改革

从目前国内各高校的计算机专业教学指导来看，数据结构依然是一门专业核心课程，教学改革势在必行。

一、高级语言程序设计课程教学改革实践

(一)C语言课程教学内容的调整

高校教师整理了大量C语言程序设计的编程实例，将这些例题按三个层次在教学过程中逐步呈现给学生，以提高课堂教学质量。这三个教学层次为：基础学习，掌握语法结构；拓展案例，明确学习目的；项目驱动，激发学习兴趣。

1. 打好基础，掌握语法结构

掌握语法结构是编写程序的基础，没有正确的语法，程序不可能通过编译，也不可能检验任何编程思想。因此，掌握正确的程序设计语言的语法结构是学生建立编程思想、解决实际问题的基础。

帮助学生打好语法基础，现有教材里关于语法知识的例题都能很好地说明问题，现仅以程序设计的三种结构简单举例说明，顺序结构：求三

角形的面积问题等。分支结构:求分段函数问题等。循环结构和分支结构嵌套:找水仙花数、找素数问题等。

这些例子因为求解思路明确,特别方便用于解释程序结构,因此,是现有教材中的经典例题。

2. 拓展案例,解决实际问题

为回答上述学生的问题,教师在学生掌握了教材内容相应的知识点后,从教学案例资源库中选取一些解决生活中有趣的实际问题的案例,让学生思考练习,并进行一定的讲解。一方面能够提高学生的学习兴趣,另一方面,在教师的讲解的过程中,也有意识地渗透当前计算机领域的科技前沿,培养学生的大数据思维。

3. 项目案例,激发学习兴趣

C语言程序设计课程要求学生在修完课程内容后,完成相应的课程综合实训练习,即完成一个小项目系统。为此,教师设计了一个简单的项目系统——个人财务管理系统,它贯穿于整个程序设计的教学过程当中,一方面激发学生的学习兴趣,另一方面也帮助学生对课程综合实训练习做一些心理和知识的准备。

教学案例的整理,使得在C语言程序设计课程中开展分层教学具有很高的可操作性,使得教师能够依据具体的案例,贯彻"从程序中来、到程序中去"的教学指导思想,逐步提高学生的编程能力。

(二)探索高效的课堂教学方法

支架式教学是建构主义的教学模式下已开发出的比较成熟的教学方法之一。在教育活动中,学生可以凭借由父母、教师、同伴以及他人提供的辅助物完成原本自己无法独立完成的任务。这些由社会、学校和家庭提供给学生用来促进学生心理发展的各种辅助物就被称为支架。

心理学家维果斯基的"最近发展区"理论为教师如何以助学者的身份参与学习提供了指导,也对"学习支架"做出了意义明晰的说明。维果斯基将存在于学生已知与未知、能够胜任和不能胜任之间,学生需要"支架"才能够完成任务的区域称为"最近发展区"。教师在教学活动中要创造"最近发展区",向学生提供"学习支架",帮助学生顺利穿越"最近发展区",并获得更进一步地发展。另外,教学还必须保持在"发展区"内,教师应该根据学生实际的需要和能力,不断地调整和干预"学习支架",利用"支架"培养学生的探究能力,并最终解决问题。

在高级程序设计语言教学中,学生在理解与内存"绑定"有关的概念内容时存在很大的困难,如变量名和变量名对应的值、变量的存储类型、变量的生命周期和可视域,函数的定义和调用、函数的参数传递等是非常抽象且难以理解的,而这些概念又往往是跟踪调试程序、理解程序运行机制的关键所在。因此,在学习 C 语言程序设计过程中,概念意义的不清已经成为学生掌握知识的主要困难。

高级语言的实现方法属于编译原理与编译方法课程的研究范畴,而"编译原理"是"高级语言程序设计"课程的后继课程,在"编译原理"关于目标程序运行时的存储组织课程内容中,很清楚地说明了程序运行时栈式存储的典型划分。

在实际教学中,教师无法给学生详细解释编译的原理,但在讲解 C 语言中与程序存储分配有关的概念时,如变量的生命周期和可视性以及函数参数传递方式,教师可以上述知识作为"支架",引导学生观察和理解变量在程序运行期间的存储位置和活动过程,合理设计教学过程,帮助学生顺利完成这些较难理解的概念的学习。

同样,在高级程序设计语言中,函数的参数传递有两种方式:值传递和地址传递。学生在理解不同参数传递方式下程序的运行结果时,存在很大的困难。教师可以借助编译原理课程中,编译系统将根据各个函数的调用顺序,为函数活动记录分配相应的存储区,函数活动记录包括函数参数个数、函数临时变量等内容,在教学设计时作为知识"支架",帮助学生直观地理解两种参数传递方式的不同。

学科教学团队在探索高质量教学的实践中,通过将支架理论引入 C 语言的概念教学中,利用编译原理中有关程序运行时存储分配的知识作为"支架",帮助学生掌握"变量的生命周期和可视性""函数参数传递方式"等难以理解的重要知识,有效地突破了教学难点,提高了课堂教学质量。

二、软件工程课程教学改革实践

(一)软件工程课程教学改革的背景

软件工程课程是计算机类专业的一门重要专业课程,在学科教学中有着重要的地位。同时,由于其理论性与实践性较强,因此,一直以来都是计算机专业学科教学的难点。对于软件开发来说,软件工程是必须掌握的核心知识与技能。对于将来从事软件开发工作的学生,掌握软件工程学知识至关重要。

在当前的时代下,软件工程技术的更新与发展越来越快,对于学科教学来说也同样如此。为此,很多学校采用基于项目的教学法进行教学。但是课堂教学中的项目实践与真实的软件开发环境相比还有较大的差距,这种差距主要表现在:用户需求与软件架构都是教师预先设定好的,项目开发的流程较为固定,为了课堂教学的顺利进行,需要保证项目在可控范围内,对于用户需求来说,也不会出现不兼容或不合法的情况。此外,软件工程课程的教学内容是针对较大规模的软件项目开发而设计的,很多知识建立在实践经验基础之上,传统板书式是一种注重理论知识传授的教学方法,对于学生来说,他们大多没有参与过实际的项目开发,因此,也不具备相关经验,难以把握住软件工程课程的关键,这会使软件工程课程的教学仅仅停留在形式的层面,进而使学习效果大打折扣。所以,探索软件工程课程改革具有重要的现实意义。

对软件工程课程教学进行改革应实现以下目标:以市场需求为改革方向,以应用型人才培养为目标,按照社会需求确定培养方向,采用适应多层次的课程体系,全面加强素质教育,调动学生学习的主动性和积极性,使学生在理论和实践两方面的能力都得到培养;可以学习借鉴国内软件人才的培养经验,对教学模式、教学方法、教学内容设置、课程设置等内容进行改革;以软件企业的实际需求为依据,以工程化为培养方向,对软件工程课程的人才培养模式进行改革,培养出具有一定竞争力的复合型、应用型软件工程技术人才。

(二)软件工程课程教学的改革实践

以模拟教学法开展软件工程的教学,就是使学生在更为接近现实软件开发的环境中进行相关理论与技术的学习,围绕教学内容,对软件开发环境进行模拟。软件工程的模拟教学需要借助模拟器进行,具体来说,模拟器应满足以下要求:①能够体现软件工程的基本原理与技术;②能够反映通用的和专用的软件过程;③使用者能够进行信息反馈,以便让使用者作出合理的决策;④易操作,响应速度快;⑤允许操作者之间进行交流。

综合国内软件工程模拟教学实际,当前软件工程课程主要使用三种模拟器实施模拟教学,这三种模拟器分别为业内或专用的模拟器、游戏形式的模拟器、支持群参与的模拟器。

1.业内或专用的模拟器教学法

业内使用的模拟器是一种综合了当前通用或者专用软件开发过程中特定问题的模拟器,如软件开发中的成本计算、需求分析、过程改进等。由模拟器向操作者提供输入指令,操作者进行信息的输入,最终得到结果的输出。在模拟过程中,操作者可以依据中间结果,对有关参数和流程进行调整和改变。在使用业内或专用的模拟器教学法时,往往从简单的任务入手,随着教学过程的发展,模拟过程也不断深入,不断增加任务难度,从而达到对软件开发周期的全面覆盖。

2.游戏形式的模拟器教学法

由于业内或专用模拟器随着模拟过程的深入,任务的难度会不断加大,因此,考虑到学生实际水平等方面的因素,在教学实施上有一定的难度。此外,在业内或专用模拟器教学中,虽然操作者能够实现对参数的调整,但是在交互性的效果上并不是很好,这也给学生在使用上增加了难度。而以游戏的形式实现软件工程的模拟,对于学生来说更愿意接受,学习的积极性也更高。

游戏形式的模拟器通常具备以下功能:①以技术引导操作者完成软件开发;②能够演示一般的和专用的软件过程技术;③能够对操作者做出的决策进行反馈;④操作难度小,响应速度快;⑤具备交互功能。

3.支持群参与的模拟器教学法

实际的软件开发通常都是由团队完成的,团队成员间的交流与合作是影响软件开发的关键因素。支持群参与的模拟器的特点就在于对团队工作环境的模拟,通过模拟器,实现群体的讨论与交互。在支持群参与的模拟器教学法下,每一个部分的参与者都能够通过模拟器实现相互间的讨论与交流。

4. 基于项目驱动的教学法

基于项目驱动的教学方法源于建构主义理论,它以项目开发为主线组织和开展教学,在教学过程中,学生居于主体地位,教师负责对学生的实践过程进行指导。任务驱动教学法在特点上始终坚持以任务为中心,实现了过程与结果的兼顾。在项目驱动法的教学中,教师负责将学生引入项目开发的情境中,通过项目开发中所遇到问题的解决,实现学生对于软件开发知识的探索和掌握。

对于项目问题的解决也应以学生为主体,通过学生间的交流与合作完成,教师则应负责对学生提供相应的指导。实施项目驱动教学法的目的就在于将学生置于软件开发的任务之中,以任务激发学生的积极性,使学生在完成任务的过程中,建构自身的知识结构,使其综合能力得到锻炼。

这里所说的项目,不仅可以指教师在课堂上给学生布置一个大题目,也可以指利用企业当前正在开发的项目直接与企业进行合作。教师在课堂上通常难以向学生提供真实软件开发这样的环境,可以通过走出去,到基地进行实习和实训。一个实际的典型的软件项目在很多方面对于学生来说是具有挑战性的。

首先,学生要了解项目背景;用户需求是不断变化并且不一致的,必须与用户进行深入交流;开发团队的成员对所采用的技术还不是很熟悉,可能会遇到一些没有预先估计到的技术问题。其次,技术外的因素也是需要考虑的。比如,团队中成员如何进行沟通,他们对其他成员的工作风格、习惯等是否接受,等等。

基于项目的教学,其目的有以下四个方面。

第一,让学生在一个与真实软件开发相近的环境中进行学习。使学生成为学习的主体,实现学生自主学习的状态。在任务的驱动下,学生为了解决任务中出现的问题、完成任务,就会主动搜寻相关信息,学生通过主动的学习行为获得知识的积累。

第二,培养学生团队合作的意识和能力。软件工程的项目通常需要通过团队进行。在项目驱动的教学过程中,项目的完成需要以小组为单位,学生会被分为若干小组。项目的完成就成为小组共同的利益,小组中的每一位个体都会对项目的完成情况产生影响。不同于单人完成的任务,在小组共同完成任务的过程中,只有通过相互之间的交流和协调达成共识,以小组的集体利益为重,通力合作,才能够顺利地完成任务。这就使得学生既获得了技术和知识的锻炼,又培养了团队意识与能力。

第三,培养学生分析和解决问题的能力。任务设计之后,学生需要对任务进行讨论,自主地分析任务,提出问题。通过讨论和分析,学生的主动性和创造性能够得到充分地发挥,使学生在主动地参与中获得在分析和解决问题上能力的提升。对于学生来说,这方面的能力不仅是软件开发所必备的能力,对于其他领域来说同样是一项重要的能力。

第四,培养学生的实践创新能力。创新的实现离不开实践。在任务驱动的软件工程教学中,各个小组所面临的任务是相同的,但是不同的小组所提出的解决方案却各有不同。这是由于不同的学生在知识背景上有所不同,对于任务不同的人也有着独到的理解。学生在完成任务时会基于自身的理解进行创新性的设计。任务的提出能够引发学生的创新思维,任务的实现能够将学生的创新思维转化为实践,这就使得学生的创新思维和能力得到了提高。综合来说,在软件工程课程中实施基于任务驱动的教学方法最大的优势就在于能够充分发挥学生的主动性,使学生在主动地学习和实践过程中,获得多方面素质和能力的提升。

三、面向对象程序设计课程改革实践

(一)面向对象程序设计课程改革的背景

面向对象程序设计课程是一门理论性和操作性都很强的课程,也是高校计算机科学与技术、软件工程专业学生必修的一门核心专业基础课程。对该课程知识掌握如何,对于学生能否轻松学习其后续课程(如操作系统、计算机网络、软件工程、算法设计与分析等)具有重要的影响。同时,面向程序设计语言是第四代编程语言,又是目前软件开发的主流工具。因此,该课程所涉及的编程思想是一种全新的思维方式,其教学目标就是要求学生应用所学的专业知识解决实际问题,是学生从事计算机行业所必须具备的关键专业知识。该课程在计算机学科整个教学体系中占据着非常重要的地位。

对于面向对象程序设计课程来说,其具有设计知识点多、语法结构抽象复杂等特点,这也使得学生学习和掌握这门课程具有一定的难度。因此,应对面向对象程序设计课程的现状进行分析,找出其存在的问题,针对性地进行教学改革。

(二)面向对象程序设计课程改革的实践

1.课堂教学内容的改革实践

第一,在课堂教学中可以采用对比的方法进行相关知识的讲授,即将面向对象的程序设计与面向过程的程序设计进行对比,通过对比加深对于面向对象的程序设计的相关理念、知识、逻辑关系等方面的理解。明确面向对象的程序设计的独特之处及其与面向过程的程序设计之间的区别,从而更好地促进面向对象程序设计课程的学习。通过实际的程序,能够很好地向学生说明不同于面向过程程序设计的面向对象程序设计强调的是方法和属性的封装,对象的输出方法只能按类方法的定义,输出对象内部的数据。同时,程序也向学生展示了面向对象程序设计中"构造方法"的重要技术,能够帮助学生对面向对象程序设计建立正确的认识。

第二,在教材的选择上应尽量选择那些项目化的教材。而项目化的教材,设计和编写了完整的项目,并以项目为主线编写课程教学内容。对于高校计算机专业的教学改革来说,实施项目驱动式的教学是教学方法改革的重要内容,对于面向对象的程序设计课程的教学改革来说,也应实现项目驱动式的教学,选择项目化的教材也符合课程教学改革的要求,从而将课堂教学中的理论与实践教学融为一体,以任务驱动学生的自主学习,通过对真实环境的模拟培养学生的综合素质。

2.实践课程教学改革实践

结合高校学生实际的学习能力和学习现状,对于面向对象程序设计课程改革来说,将实验的讲授与实践相结合是一种合适高校学生实际的教学方式。在实验的选择上,教师讲授的实验与学生实践的实验应有所区别,教师讲授的实验应选择验证性实验,学生实践的实验则应选择项目型实验。

这种教学方法的具体实施就是教师以验证性实验为案例进行知识的讲解,通过案例讲解,学生能够更容易地理解知识,对于知识的理解也更深刻。在实践环节中,教师则选择项目型实验为案例,对其进行讲解,并要求学生完成项目型实验的实践,通过完成项目型实验实现学生知识结构的构建。

在课程设计环节中,则应设计与所讲案例相符合的项目,将学生分为若干小组,以小组为单位完成任务。在设计项目时,应考虑到项目的难度,使学生既能够完成又能够锻炼学生的能力。

3. 教学模式和教学手段的改革实践

利用课件进行教学既有一定的积极作用,也会带来一些不利的结果。因此,教师在改革课堂教学时,应将多种教学方法结合在一起。

首先,对于课件教学来说,在制作课件时,对于面向对象的重要概念,可以通过可视化的方式对其进行呈现,从而将学生的注意力吸引到概念上,降低学生理解抽象概念的难度。

其次,在编程实例的讲解过程中,对于编程的分析、设计、调试都应该在课堂教学的现场中进行,使学生能够更加直观、深刻地学习编程知识和调试能力,提高学生编程和调试的实际能力。

最后,教师还应充分开发网络教学资源,以对课堂教学进行辅助。例如,教师可以录制有关教学内容的总结性的短视频,便于学生随时观看和复习相关知识点。同时教师还应鼓励学生利用互联网进行自主学习,如通过互联网查询一些有关面向对象程序设计或相关问题解决的具体事例等,形成对课堂教学内容的补充。

在面向对象程序设计的教学中,为培养学生的编程能力和解决问题的能力,还应该探索双语教学模式。对于计算机专业的学生来说,英语对专业名词的掌握、相关文献的阅读、技术能力的提升都有巨大的作用。

可见,关于程序设计的计算机专业英语词汇对于学生学习兴趣的培养、编程能力的提高具有重要的影响。

双语教学即在课堂教学中使用母语之外的语言进行教学,从而实现学科知识与第二语言知识的同时发展。对于面对对象程序设计课程的改革来说,双语教学是一个值得探索的方向,实施双语教学,对于面对对象程序设计课程教学来说也有一定的积极效果。

(1)双语教学的实施

首先,在双语教学的教材选择上仍应选用中文版教材。同时,对于教学团队,还应提出以下要求:一是对教材的内容进行总结归纳,力争更有条理性,提炼出让学生重点掌握的内容;二是对常见的编译错误提示信息、对程序设计中的重点英语名词进行收集和翻译,以便在课堂上能够随时提醒学生注意记忆。

其次,在教学措施上,面向对象程序设计是学生接触到的第一门面向对象程序设计语言,也是现代主流的程序设计语言。因此,在授课过程中,要求任课教师认真地组织教学内容,突出重点,加强实例教学,通过实例讲解让学生更易于掌握所学内容。

具体做法如下:①介绍本节课的主要内容、重点难点,介绍教学内容中的主要关键词及其对应的英语单词。②结合课本实例和编译环境,对于文档中一些简单的实例,逐一讲解知识点。③根据拓展例子引导学生解决实际问题,培养学生的学习兴趣。

最后,在学生的知识水平与能力差异上,大量的教学实践可以证明,学生在知识水平和能力上确实存在差异,具体到面向对象程序课程的双语教学来说,这种差异主要体现在外语与编程两方面的水平与能力上。有外语水平高的学生很快掌握了在编译环境中如何利用帮助文档寻求语法帮助,如何根据提示信息对程序错误进行查找和改正,因此,这部分学生编程能力提高很快;外语水平低的学生遇到的困难较大,编程能力提高较慢。

在面向对象程序设计课程的双语教学中,必须关注学生在能力上的个体差异,在内容和进度上进行适当的安排,以兼顾不同水平的学生:一是可以对学生的水平进行调查，找出那些水平较差的同学，对其进行针对性的教学；二是针对不同水平的学生安排不同的练习与实践内容；三是对水平较差的学生进行课后辅导，逐步提升他们的能力水平。

（2）双语教学的效果

从效果上来说，通过双语教学，学生在编程环境中能够翻译提示信息和文档中的英文实例，在对学生的英语能力提升产生积极性效果的同时，还能够加深对于程序设计的国际化特征的认识。但是也应注意到，由于学生英语水平的限制，会造成学生花费大量的时间学习英语以适应英语教学，反而影响了学生在编程能力上的提升。

四、数据结构课程教学改革实践

（一）数据结构课程综合设计要求

数据结构课程主要涉及线性表、树、图等主要数据结构的特点及其基本操作，其中线性表难度最低，与C语言课程的内容衔接最紧密，树和图难度较高，对学生的要求也高。根据教学内容的特点，结合学生的学习能力、水平不同，在设计数据结构课程综合设计题目的时候，按层次教学的思想，将题目分为基础题和培优题。其中基础题以教学资源题库中的系统类题目为主，设计的模块主要是让学生在C语言课程实践中完成的系统基础上，利用数据结构的知识进行完善，将两门课程的连续性充分设计到综合设计题目中，让学生更具体地体会到两门课程的侧重点。

培优题以题库中的算法题为主，所设计的模块任务主要是让学有余力的学生能进行自我挑战，对复杂数据结构及其应用场景有初步认识。

智能算法综合实践题目的模块设计充分考虑了学生的能力和水平，其中每一个模块在整个算法框架下，都可以独立检验。学生选择这类综合实践题目，可以采用多种方式获得分数。

一是学生可以选择独立完成，独立完成的时候学生若完成所有模块，并能正确运行，则可以获得满分；若完成必须完成的模块后，可选模块只完成其一，也能够获得满意的分数。

二是允许学生组成小组进行分工，各自完成所有模块，共同实现一个完整的智能算法。

(二)数据结构课程综合设计的改革实践

数据结构是软件工程专业的一门核心基础课程,通过分析这门课程各自的教学侧重点,理清这门课程对学生能力要求的连续性和差别性,教师在设置这门课程综合实践题目的时候,充分利用教学资源库中的综合设计类题库,以简单系统设计为主,采用逐渐完善系统的方法,把这门课程所要求的知识点以模块化的方式添加到系统功能的设置中。这样的设置充分考虑了大部分学生的学习能力和技能水平,使学生能够学以致用,对这门课程所要求的知识点有了具体而连贯的认识。

同时,在数据结构综合实践课程中,根据复杂数据结构在智能算法中的应用场景,设置了智能算法模块实现的题目,向优秀的学生提供开启高级智能算法学习的钥匙,达到逐渐培养学生的大数据思维,进一步提高学生的编程能力和专业素养,培养学生应用专业知识解决领域问题的目的。

五、数据库原理与应用核心课程教学改革实践

(一)数据库原理与应用核心课程教学改革的背景

数据库技术是信息和计算科学领域的基础及核心技术之一,数据库原理与应用课程也是计算机专业的一项核心课程。数据库原理与应用课程的教学质量直接影响学生后续课程的学习,也会对学生毕业设计的质量产生影响,直接关系到计算机专业人才的培养质量。要实现数据库原理与应用课程的改革,就必须以培养应用型、创新型人才为目标。对数据库原理与应用课程在计算机人才培养上的作用和地位进行深入分析,找出数据库原理与应用课程教学中存在的问题,从教学内容、实验教学、创新能力培养、教学方法和手段以及课程考核等多方面实现数据库原理与应用课程的改革,为培养高素质、高技术的应用型和技能型计算机人才提供必要的保障。

在实际的工作中,数据库技术有着广泛的应用。要想使学生在毕业后能够更好地适应工作需要,使学生具有企业所需要的应用能力与技术能力,就必须提高数据库原理与应用课程的教学质量,实现数据库原理与

应用课程的教学改革。在数据库课程教学过程中,教师不仅要重视数据库理论的教学,更应重视学生实际操作能力的培养,要理论联系实际。原理为应用提供理论依据和保证,应用为原理提供佐证。通过将二者整合优化,再结合课堂教学、课内实验、综合课程设计等环节,使学生在学习数据库原理的同时进行实际应用,不仅能加深学生对原理的理解,而且能加强学生实际应用数据库技术的能力,提高学生分析问题、解决问题、创新与实际应用的能力,并为学生后续课程和以后就业打下坚实的基础。

(二)数据库原理与应用核心课程教学改革的实践

课程的理论与实践之间有着紧密的联系,通过对这门课程的特点进行探索和研究,对数据库原理与应用课程的改革可以从以下几方面进行。

1. 以理论与实践并重为原则开展教学

(1)以理论与实践并重为原则对教学大纲进行修订

数据库原理与应用课程的教育目标是培养社会需求的数据库应用人才,这就要求既具有扎实的理论功底,又善于灵活运用、富于创新。结合招聘单位对人才技术的需求和专业的培养目标及专业定位,每年组织教师定期修订教学大纲和教学计划,并要求教师严格按照修订的教学大纲进行教学。适当压缩数据库部分次要的理论内容,强化数据库的实验教学。另外,该课程的教学除了常规的理论教学和实验教学外,还设置了综合课程设计作为该课程常规教学的延伸和深化。

在数据库原理与应用核心课程教学改革的过程中,对于学时也可以进行一定的调整,从理论课程的课时中抽出一部分分配到实践课程的课时中,从而为学生提供更多的实践机会,提高学生的实践能力。同时,根据课时的变化,还应对相关的教学内容做出一定的调整。由于理论课课时有所减少,因此,对于理论性较强的内容可以做适当的删减。由于实验课时增加,因此,可以加入数据库操作、权限管理、数据库访问接口和数据库编程等内容,从而有效提高学生的实践与应用能力。大数据是当前时代发展的一个重要趋势,因此,对于数据库原理与应用课程来说,还应该适时加入有关海量非结构化数据的管理与分析技术等方面的内容。

同时,不断更新数据库原理及应用课程的实验教学环境,及时将数据库原理与应用核心课程教学相关的软件更新到最新的版本,紧跟社会发展的趋势,使学生尽快接触到新技术,便于学生今后的就业。

(2)构建完善的数据库知识体系

在知识领域,数据库原理及应用基础理论以必需、够用为度,以掌握原理、强化应用为重点,教学中坚持理论与应用并重的原则。在课堂教学中注重理论教学、精选教学内容和突出重点的同时,还应注意各知识模块之间的联系,这些知识点也并非孤立的。不同的模块之间存在着密切的关系,因此,在教学中要注重运用关系数据理论指导数据库设计阶段的概念结构设计和逻辑结构设计,用关系数据理论、数据库设计、数据库安全性和完整性等知识指导建立一个一致、安全、完整和稳定的数据库应用系统。

2.采用模块组织试验培养学生的应用与创新能力

实验教学是巩固基本理论知识,强化实践动手能力的有效途径,是培养具有动手能力和创新意识的高素质应用型人才的重要手段,是数据库原理及应用课程教学中必不可少的重要环节。

数据库原理及应用课程只有将实验教学和理论教学紧密结合,并在教学中注重实验课程设计的延续性、连贯性、整体性和创新性,才能真正使学生理解课程的精髓,并调动学生的学习积极性,学以致用。同时这也能帮助学生构建知识体系,培养学生的科学素养、探索精神和创新精神,真正达到培养应用创新型人才的要求。

如何科学地选择数据库原理及应用课程实验内容,组织实验模块,培养学生的应用实践能力和创新能力,从总体上提高教学质量已成为计算机专业数据库原理及应用实验教学改革的核心任务之一。

实验教学内容要完全体现培养目标、教学计划和课程体系,而且要求实验模块的组织方法能够体现先进的实验教学思想,提高实验教学质量。数据库课程实验必须紧密结合理论教学的相关知识点,围绕某个项目的数据库系统设计,将实验分为验证型、设计型和综合型三种类型。通过这些实验,应用软件工程的基本原则,让学生能够设计一些类似的数据库应用系统,使所学知识融会贯通。

3.采用多元化教学方法与手段激发学生的学习兴趣

在实际的教学过程中,合理地综合使用各教学方法、教学手段,以学生为中心,采用案例教学法、项目驱动教学法和启发式教学法等相结合的教学方法,达到互相取长补短的目的。在教学过程中,针对不同的学习内容,灵活应用这几种方法,取得了理想的教学效果,增加了学生的实践机会、自学机会和创新机会,极大地调动了学生学习的主动性和积极性,激发了学生探究创造的兴趣。

（1）培养学生独立探索的能力

建构主义学习理论认为,知识是学生在一定的情境（即社会文化背景）下,借助于他人（包括教师和学习伙伴）的帮助,利用必要的学习资料,通过意义建构方式获得的。项目驱动教学模式是一种建立在建构主义教学理论基础上的教学法,该方法以教师为中心,以学生为学习主体,以项目任务为驱动,充分发挥学生的主动性、积极性和创造性,变传统的"教学"为"求学""索学"。

由于实验教学涉及知识点过于零散,缺乏对学生系统观、工程能力的培养,教师应在实验教学中将项目驱动法和案例教学法相结合,在实验教学设计上以一个学生较熟悉的数据库应用系统的设计与开发实验贯穿整个实践课程,该应用系统的设计与开发涵盖了数据库课程实验的每个实验模块和技能训练,而每个实验模块是整个实验课程的一个有机组成部分。

实施实验课程教学时,实践教学的第一堂课就从演示一个学生较熟悉的完整的微型数据库应用系统入手,简要说明开发该系统所涉及的知识和技能,引起学生对一个数据库应用系统的构成和开发的好奇心,由此提出本课程实验将围绕此微型数据库应用系统的开发而展开。让学生每堂课都带着问题学习,目的明确,能充分调动学生的积极性,从而达到事半功倍的效果。实验教学内容设计具有连贯性和针对性,通过这样循序渐进地讲解、演示和实验,让学生充分理解数据库的概念和技术,从而经历一个完整的微型数据库应用系统的开发过程,达到熟练掌握知识和技能的目的。

整个教学过程以一个数据库应用系统的设计开发为项目主线,把零散的技能知识与训练串在一起,以增强学生学习的系统性、完整性。教的过程是分块的,做的过程却是整体的,紧紧围绕项目工程开展教、学、做,学完之后学生非常有成就感,同时也产生了自主研发大型数据库应用系统的愿望,学生的自主学习和独立探索能力得到增强。

(2)利用启发式教学对教学难点进行深入研究

案例教学法是在教师的指导下,根据教学目标和内容的需要,运用案例个别说明、展示一般,从实际案例出发,提出问题、分析问题、解决问题,通过师生的共同努力使学生做到举一反三、理论联系实际、融会贯通、增长知识、提高能力和水平的方法。

在数据库原理及应用中,关系型数据库是最常用的数据库,关系型数据库的设计都要遵循关系规范化理论,关系规范化理论是课程的重点,也是难点。教学中,教师通过采用案例教学法与启发式教学法相结合的教学方法,充分发挥两种教学法的优势,充分调动学生自主学习、主动思考的积极性,深入浅出、突出重点、化解难点。

首先是案例的设计。在教学组织上,选择学生熟悉的典型案例进行分析。例如,在图书借阅管理系统中需要记录读者所借阅的图书等相关信息时,人们很自然地会采用这样的关系模式表示:借书(读者编号、读者姓名、读者类型、图书编号、书名、图书、分类、借阅日期),进而提出"给定的这个图书关系模式是否满足应用开发的需要,是不是一个好的关系模式,如何设计好的关系模式"的问题。教师分别从关系数据的存储、插入、删除和修改等几个方面启发学生思考该关系模式存在的问题。

其次是案例的课堂讨论。通过以上的分析与讲解,组织学生进行讨论:如何修改关系模式结构,解决该关系模式存在的数据冗余和更新异常问题。如果要对关系模式进行分解,有哪些原则指导分解,分解是不是最优分解。教师通过设问一步步地启发学生进行思考、分析和讨论,最终了解关系模式好坏的衡量标准,了解好的关系模式设计的基本理论、方法,并能把这些知识应用到具体的项目开发过程中。

案例教学法与启发式教学法的综合运用,使学生能够积极主动参与教学,充分调动了他们的主观能动性,实现了教与学的优化组合。案例讨论不仅能够传授知识,而且能够启发思维、培养能力。这些教学方法既改变了传统教学思路,增强了教学过程中的师生之间的互动,又使学生的主体地位得到了加强,调动了学生的学习兴趣。

（3）采用分层教学促进学生实践

分层教学即先对学生实际的知识水平和能力进行考查,根据考查结果将学生划分为不同的层次,然后再在教学中对于不同层次的学生采取针对性地教学策略,使每个层次的学生都能实现发展的最大化。

分层教学是由学生个体差异的实际所决定的。采取分层教学的方式正是对于学生个体差异性的认识和尊重。尤其对于数据库原理及应用这门课程来说,其在理论性和实践性上都较强,因此,有必要实施分层教学的方法,尊重学生个体差异,在个体差异的基础上实施针对性的教学,从而使每个学生都能得到最大化的发展,分层教学也符合因材施教的教育理念。

在班级授课制之下,通过分层教学的方法,能够有效地实现个性化教学,使不同层次的学生接受符合自己实际的教学,从而使其保持学习的积极性,实现教学效率整体上的提高。

（4）建立立体化课程教学资源辅助平台

立体化课程教学资源辅助平台主要包括教学资源系统、项目展示系统、在线答疑系统、模拟测试系统等部分。

教学资源系统主要包括课件、视频、习题、相关工具、课外资料等内容,建立教学资源系统的目的在于为学生提供充足的、多样的学习资料,满足学生学习需求。项目展示系统主要包括学生的各类示范性的实践作品。建立项目展示系统的目的在于通过示范性作品的展示,激发学生学习的竞争性和积极性,在线答疑系统即教师在线对学生问题进行回答的系统。这一系统的建立有利于打破师生交流的时间和空间限制。当学生在学习中遇到问题时,能够随时向教师进行请教,教师也能够及时地对学生的问题进行回答。模拟测试系统的功能在于学生根据自己的阶段学习情况,通过系统生成符合自己学习实际的测试题目,实现学生对于自己学习情况的随时检验。

通过辅助平台,不同层次的学生都能根据自己的实际情况选择对自己的学习进行辅助,如选择自己需要的资料与合适的习题对自己的学习进行补充,通过合适的题目准确地检验自己的学习情况,在学习遇到困难时也能够通过平台得到及时地指导和帮助。

立体化教学资源的建设有利于形成学生自主式、个性化、交互式、协作式学习的教学新理念,立体化教学资源的运用有利于发挥学生的主动性、积极性,有利于培养学生的创新精神。

第四章 计算机教学过程设计及教学环境

第一节 计算机教学过程设计

一、计算机教学目标

计算机基础课程是一门面向全体高校学生的提供计算机知识、能力和素质等方面教育的公共基础课程;其总体的教学目标是学生通过学习掌握计算机学科的基本知识,应用计算机解决实际问题,并且培养一定的计算机思维和信息素养,这一总体目标的实现是建立在以下几点具体教学目标的基础之上。

（一）认识和理解计算机系统及方法

理解计算机系统、网络以及其他相关信息技术的基本知识和原理。理解计算机分析问题和解决问题的基本方法,具体包括算法、编程、数据管理以及信息处理等。

（二）应用计算机技术解决实际问题的能力

应用计算机解决不同领域问题的方法和方式会有所不同:有的是利用计算机的存储能力对数据进行相关的组织、管理以及分析;有的是利用计算机的多媒体表现能力更直观、更形象地展示专业问题和数据;有的则是利用计算机的超强计算能力对专业问题进行数值分析计算;还有的是利用计算机的网络传输能力达到对象的远程控制目的,等等。此外,也有一部分专业要求学生掌握设计并具有开发应用软件的能力。

(三)准确获取、评价并且使用信息的素养

熟知以计算机技术为核心的信息技术对于当今社会经济发展有重要的作用以及意义。熟练地掌握并且应用信息技术和工具,准确有效地获取信息,做出正确的评价、分析和发布,同时要具备信息安全意识,规范自己的行为,遵循信息社会的道德准则。

(四)基于信息技术手段的交流和持续学习能力

学生可以熟练的应用计算机及网络进行交流,表达自己的思想观点,传播信息,增长知识以及经验,了解并且掌握信息社会交流与合作的方法。同时,也可以利用互联网平台进行学习,不断地掌握新的知识和信息技术,培养持续学习的能力,适应互联网时代的职业发展模式。

二、计算机教学过程

(一)教学过程概念

教学过程是一种程序结构,其教学活动的起始、发展、变化以及结束在不间断展开。人们对于教学过程的认知也是经过长时间的摸索和探究,不断地发展而来的。而经过时间的推移,研究不断深入,人们也逐渐意识到教学过程是复杂并且多样的,其不仅是一个认识的过程,也包含了心理活动过程、社会化过程。所以教学过程是认识过程、心理过程和社会化过程的一个复杂综合体。

通过以上表述,人们可以知道教学过程也可以说就是一种特殊的认识过程,也是一种可以促进学生身心发展的过程。在教学过程中,教师有目的、有计划地引导学生,发挥学生的主观能动性进行认识活动,使学生自觉调节自己的兴趣以及情感,逐步掌握计算机教学知识,全方位提升学生的个人素养。计算机教学过程就是教师教授学生相应的计算机知识和方法,学生进而掌握这些知识以及方法。

(二)教学过程结构

教学过程的结构是指教师教学进程的基本阶段,具体包括以下几个

方面。

1.引发学习动机

这一阶段是教学结构的起始阶段,也称为首要环节。学习动机是学生学习的主要内在动力,通常与兴趣、求知欲以及责任感有机联系。教师在进行计算机教学时应该让学生清楚地理解学习目的,激发学生的责任感,引导学生进行积极思维。

2.领会知识

这是教学过程的中心环节。包括使学生感知教材以及理解教材,感知教材就是通过一系列直观的教具使学生对于教材的整体框架有一个大致的了解,形成一个比较清晰的表象,产生必要的感性认识,为进一步的思维奠定基础。理解教材就是学生在感知教材的基础上,经过抽象、概括等思维过程,最终得出相关概念、规律以及结论。

3.巩固知识

在这一阶段中,学生按照一定的顺序,把刚学习的计算机知识条理化、系统化,同时对所学的计算机知识进行及时有效的复习,进行再记忆,更好地理解巩固这些知识,最终形成系统的计算机知识体系。

4.运用知识

学生在教师的指导下,上机实际操作,完成作业,在这个过程中学生所学计算机知识得到验证,将知识转化为能力,培养学生的技能。

5.检查知识

最后检查知识可以对学生前面所学知识进行复习和总结,对教师的教学以及学生的学习进行一个结果反馈,以便教师及时调整、组织教学进程。教师根据具体情况,灵活掌握教学的各个环节,帮助学生掌握计算机知识,并发现问题,改进学习方法,提高学习效率。

(三)教学过程实施

教学过程的实施包括三个基本环节:教学准备、教学活动和评价反思。教学准备和评价反思是成功教学的基础。教学活动的过程是师生互动的过程。

1.教学准备

这是教学过程的基础,它发生在教学活动的实际开展之前,包括教学目标的确定、教学内容的处理、教学方法的选择、教学设计方案的制定等。教学准备包括教师和学生。教师应理解并且明确教学任务和学生的特点;学生的任务是明确学习的目的,为学习活动准备材料和心理。

2.开展教学活动

这是教学过程实施的主要阶段,师生围绕教学目标开展有意义的互动活动,这是教学过程中最复杂、最关键的环节。

3.评价反思

这不仅是教学过程中一个相对独立的环节,而且贯穿整个教学过程。目的是发现教学过程中存在的问题,优化教学效果。教师通过评价学生对新知识和新技能的认识,评价教学目标、教学方法、教学内容、教学媒体和教学活动的适宜性,学生需要监控自己的学习并调整学习策略。

三、计算机教学方法

(一)教学方法概念与特点

1.教学方法定义

第一,教学方法要符合教学目的和任务的要求。

第二,教学方法是师生共同完成教学活动内容的手段。

第三,教学方法是教师和学生在教学活动中的行为系统。

2.教学方法的特点

教学方法是教师和学生在教学活动中为实现教学目标而采取的行动的总称。教学方法的基本特点分为以下几个方面:

第一,教学方法体现了特定教育和教学的价值,提出了实现特定教学目标的要求。

第二,教学方法受特定的教学内容的限制。

第三,教学方法受教学组织的具体形式的影响和限制。

(二)教学方法分类

教学方法的分类基于一定的规则或标准,将各种教学方法归纳为有内在关系的一个系统,教学方法的分类模式可分为以下几个方面。

1.《教学论》的教学方法分类

根据教学方法的外在形式和学生认知活动的相应特点,将我国中小学教学活动中常用的教学方法分为五类。事实上,这不仅适合中小学教学,也适合高校教学。

五种类型如下:第一种:基于语言传达信息的方法,包括讲授方法,会话方法,讨论方法和阅读指导方法。第二种:基于直接感知方法,包括演示方法和直接参观方法。第三种:基于实际训练方法,包括练习方法,实验方法和实习方法。第四种:基于鉴赏活动的方法,例如,陶冶法。第五种:基于指导查询的方法,例如,发现法和查询法。

2.层次结构分类方法

从具体到抽象,教学方法可分为三个层次:

第一层:原理教学方法。解决教学规则、教学观念与新教学理论概念和学校教学实践直接联系的问题,它是教学实践中教学意识的产物。例如:启发式、发现方法和设计教学方法。

第二层:技术教学方法。它可以接受原理教学方法的指导,也可以结合不同学科的教学内容,形成一种操作教学方法,在教学方法体系中起着中介作用。例如:讲座方法、会话方法、演示方法、访问方法、实验方法、练习方法、讨论方法以及阅读指导方法。

第三层:操作教学方法。它是学校不同科目教学中独特的教学方法。例如:中文课堂中的识字方法,外语课堂中的听说方法,美术课程中的素描方法以及音乐课堂中的歌唱方法。

(三)计算机教学常用教学方法

1.讲授教学法

讲授教学法是教师通过简洁生动的口语传授知识,培养学生智能的一种方式。它通过叙述、描绘、解释和推理传递信息、传授知识、阐述概念,论证定律和公式,并指导学生分析和理解问题。在计算机教学中,计算机教师根据计算机课程的不同教学内容制作各种教学课件,在相关设备的帮助下,他们可以通过教学与实践相结合,完成教学任务,实现教学目标。

计算机教学中教学方法的基本要求如下:

第一,讲授不仅要注重科学性和思想性内容,还要尽可能地与学生的认知基础联系起来;第二,讲授要注重培养学生的学科思维;第三,讲授应具有启发性;第四,讲授要注重语言艺术,语言要生动,有吸引力,清晰、准确,简洁明了、易于理解,并且音量和语速要适中,适应学生的心理节奏。

该教学方法的优点是可以保证教师知识传授的系统性、主动性和连贯性,易于控制课堂教学,充分利用时间。

2.任务驱动教学法

任务驱动教学法是学生学习计算机技术的过程中,在教师的帮助下,将重点放在以任务为中心的共同活动上,在强大的问题动机的驱动下,学生可以通过积极应用学习资源,独立探索和学习互动完成学习任务,完成学习实践。"任务驱动"是一种基于建构主义教学理论的教学方法。它需要"任务"的目的性和教学情境的创造,让学生在探索中学习真正的任务。

任务驱动教学法符合探究式教学模式以及计算机系统的层次性和实用性,非常适合培养学生的创新能力以及提高学生独立探究问题和解决问题的能力。它提出了由浅入深的学习路径,方便学生逐步学习计算机知识和技能。在计算机课程教学中,"任务驱动"的教学方法是让学生在典型的信息处理"任务"驱动下开始教学活动,引导学生从简单到复杂,从易到难,逐步梳理思路,建构知识体系,进而采用准确的方法,一步步完成一系列"任务",并在完成"任务"的同时,培训出分析问题、解决问题以及使用计算机处理信息的能力。在整个过程中,学生将持续性地获得成就感,并且激发他们对知识的渴求,逐渐形成认知心理活动的良性循环,培养出自主探索、开拓进取的自学能力。目前,"任务驱动"的教学方法已形成"以任务为导向,以教师为主导,以学生为本"的基本特征。

3. 启发式教学法

启发式教学法是指教师按照教学目标,并基于一定的教学规律,在教学过程中根据学习过程的客观情况来指引、开导、启示和激发学生的学习兴趣,促使学生积极自觉地学习和思考,并且主动地付诸实践的教学方法。

启发式教学是任意一种教学方法的指导思想。"启发"这个词实际上来源于"不愤不启,不悱不发"。启发式教学法的"启"适用于在教学中占主导地位的教师,"发"适用于接受知识的学生。所以启发式方法是通过教师外在的"启",而实现学生内在的"发"的一种教学艺术。根据计算机课程的特点,可以通过各种教学方法在教学活动中开展"启",从而使学生中获得"发"。

教师应从日常教学工作入手,学习教学方法,总结和逐步积累教学经验,发挥自身的主导作用,不断提高启发式教学方法的运用能力,从而调动学生的积极性以及主动性,传播知识理论,开阔学生视野,培养学生实践能力和创新思维。每个教师也都可以在教学过程中找出适合自己的具体教学方法,灵活运用到其他课程中,从而取得更好的教学效果。

4. 分层递进教学法

分层递进式教学法是指一种集体形式下的个性化教学方法,即教师根据高校计算机教学中学生的实际差异情况,设定不同的教学目标,不同的学生分配不同层次的学习任务,并根据不同任务的完成情况,以鼓励为主,采用不同的评价方法,然后激发学生学习的主动性,有效地满足每个学生的需求,促进学生全面发展的教学方法。

分层递进式教学法根据学生的能力,为因材施教注入了深刻的内涵,提供了具体的操作方法。分层递进式教学策略已在相当多的学校中得到广泛推广,各种分层教学方法得到了广泛应用,特别是异质合作学习模式已成为高年级专业教学的主要手段。

5. 比较教学法

比较教学法是一种在教学中故意将同一种事物相反、相对的两个面或者两种相反、相对的事物放在一起,并对它们进行分析比较,以区分它们的异同点和优缺点的教学方法。它在激活课堂气氛,激发学生兴趣,加深学生理解方面发挥着重要作用。

比较教学法的重点应放在学生身上,以学生为中心,教师是教学活动的指导者和支持者。在实施比较教学时,教师应特别注意坚持"参与式"教学,为学生留下"教学空白"和"教学间隙",以便学生找到差异,得出结论,实现比较教学最优化。

比较教学法在计算机教学中的应用可以提高学生的认知和分析能力,激发学生的学习积极性,拓展知识领域。它在学习方法的内化中起着重要作用。同时,它还可以加强记忆力,使学生巩固所学知识。比较方法广泛应用于计算机教学,在计算机基础知识、应用软件、编程语言和硬件组装的教学中均可以使用比较教学方法。

6.演示教学法

演示教学法是一种教师展示各种物理和视觉教具或进行示范实验的教学方法,学生通过观察获取感性知识,并且掌握知识。与其他抽象科目不同,计算机教学更直观。同时,该学科本身具有很强的实用性和可操作性。演示方法可以突破空间障碍,丰富学生的感知知识,加深学生对学习内容的理解,特别适合高校学生的心理特点。

7.讨论教学法

讨论教学法是全班或小组围绕一个中心问题,在教师指导下,通过阐述各自意见、共同讨论、相互启发、群策群力等进行学习的一种方法。

基本要求:在讨论之前,教师和学生都应做好充分准备;讨论问题应该清晰明确,适当的鼓励学生大胆表述并传达自己的意见;每次讨论结束时,要做一个总结。

在教学中,要善于运用讨论法进行教学,扬长避短,这样才能充分发挥学生的主动性和教师的主导作用。

8.实践法

实践教学法在学生积极主动参与的基础上,以教学内容为指导,通过案例分析等有效实现实践教学的模式。通过实践教学,将新的知识点和操作技能引入教学,鼓励学生独立思考,激发学生学习的积极性和兴趣。学生在学习理论知识的基础上进行实践训练,掌握实际操作的基本技能。

实践教学方法具有很大的教学优势,更符合现代社会对人才素质的需要,也更有利于综合人才的培养。但是,在实施中也存在一些问题,影响了实践教学方法的效果,这需要我们不断改善和探索,以提高学生的实践能力和专业技能,为高校学生进入社会奠定坚实的基础。

四、计算机教学设计

(一)教学设计概念

教学设计也称为教学系统设计,而对于教学设计的定义,不同学者有着很多不同的看法及观点。即使人们对于教学设计定义理解角度不同,侧重点也不同,我们也不难总结出,教学系统设计是以促进学生的学习为根本目的,采用系统的方法将学习理论和教学理论等原理转换为对教学目标、教学内容、教学方法、教学评估等环节进行具体的设想以及计划,创设有效的教与学系统的"过程"或"程序"。

(二)教学设计原则

1. 可行性原则

教学设计如想成功实现,那么就必须满足两个可行的条件。第一,它需要符合主观和客观条件。主观条件应考虑学生的年龄特征,现有知识基础以及师资力量;客观条件应考虑教学设备和地区差异等因素。第二,需要具备可操作性。教学设计应能够指导具体实践。

2. 系统性原则

教学设计是一个系统的工程,它包括对教学目标和教学对象的分析、教学内容和教学方法的选择以及教学评估等各个子系统。每个子系统相对独立,又相互依赖、相互约束,从而形成一个有机整体。在整体系统中,每个子系统的功能都不相同,教学目标用于指导其他子系统。此外,教学设计应以整体为基础,各个子系统应该与整个教学系统相协调,使整体与部分辩证统一,系统分析与系统综合有机结合,最终实现教学系统的整体优化。

3.程序性原则

教学设计如上述所讲,是一个系统的工程。每个子系统的安排和组合具有程序性的特点,即每个子系统按顺序分级排列,前一子系统限制并且影响后一子系统,后一子系统又依赖并限制前一子系统。根据教学设计的程序性特点,在教学设计中应反映程序的规定性和联系性,以确保教学设计的科学性。

4.反馈性原则

教学效果评估只能基于教学过程前后的变化和学生作业的科学测量,衡量教学效果的目的是获取反馈信息,以纠正和改进原有的教学设计。

(三)计算机教学设计内容

1.教学内容分析

首先,需要分析教学内容的特点以及这部分内容对于整体教学内容的影响。

其次,要分析章节教学内容的范围、深度和重难点来更好地满足不同层次学生的需要。

最后,要分析知识所调动的智力和情感因素,以促进学生的知识技能以及智力的拓展。

分析确定教学内容要根据以下几点进行:

①根据教学目标来确定教学的内容,需要注意的是教学内容不等同于教材内容。

②恰当选择教学内容的范围,把握深度以及广度。

③教学内容的重点、难点要明确,学生注意力应集中在主要内容上,同时规划好解决、检查难点的方法。

④教学内容的组织、排列和表现方式应根据知识的逻辑结构和学生的认知秩序进行安排。

⑤精心设计练习的数量和质量以及练习方式。

2. 学情分析

首先,分析学生的知识和技能的基本水平,为确定教学重难点以及教学方法提供理论依据。

其次,分析学生的心理认知特征和认知发展水平,包括情绪、动机、爱好和意志等心理因素以及学习能力和智力发展水平,为制定教学目标提供依据。

最后,分析学生的社会背景,包括学生的生活经历以及社会、家庭可能对教学带来的积极、消极影响,以便在教学过程中采取针对性的补救措施。

3. 制定教学目标

教学目标表述的是预期学生通过教学活动,所产生包括思想、情感以及行为等在内的各种变化和学习结果。教学目标的制定应基于教学大纲的要求,并贴近学生的"最近发展区"。它包括三个方面:知识和技能、过程和方法、情感态度和价值观(三维目标)。

4. 教学策略设计

根据教学策略的各种定义,这些定义可大致分为三类:第一类,教学策略是为实现教学目标而采取的具体教学方法;第二类,教学策略被认为是实现教学目标、解决教学问题而使用的行为计划等;第三类,教学策略是如何实现教学目标以及解决教学问题的操作原则和程序的知识;具体的教学策略可以从以下几个方面进行:

首先,新知识引入的起点要低。

其次,在学习新知识之前,有必要回顾一下旧知识,复习回顾的内容必须是与新知识密切相关的,然后制定学生学习的步骤,注重教学的反馈和鼓励。

最后,体现出培训练习为主线的教学理念,通过对学生新知识的反复练习,加深对新知识的理解和巩固。重视提升学习方法、分析问题和解决问题能力,应特别注意培训的广度、梯度和深度。

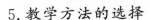

5.教学方法的选择

教学方法的选择取决于不同的课程类型、不同的教学目标、不同的教学内容、教学设备和条件、学生的实际情况以及教师自身的素质和条件。

6.教学媒体应用组合

教学媒体是指在传播知识或技能的过程中用来展示信息的手段或工具。传统的教学媒体包括书籍、语言、黑板和图片;现代的教学媒体包括录音、录像、投影、计算机、多媒体课件等,合理使用组合媒体是实现最佳教学的重要手段。在教学设计中,对教学媒体的使用要求有以下几点:第一,传统媒体与现代媒体必须有机结合,才能达到最佳的效果。第二,媒体的使用必须及时、适当、适度和有效。

7.形成性评价和总结性评价设计

形成性评价是一种过程性评价,目的是对教学过程中存在的问题进行诊断,及时纠正教学中存在的不足,使教学目标顺利实现。形成性评价一般包括问题、讨论、练习、测验、问卷、观察、个人谈话等。

总结性评价是阶段性评价,也是目标参照评价,其目的是检测教学目标的完成情况。总结性评价通常包括单元考试、学期考试、学年考试等(给出成绩或分数)。

第二节 计算机教学环境

一、计算机教学的多媒体教学环境

(一)多媒体教学系统的结构

完整的多媒体教学系统包括前端信号源系统(计算机、DVD、视频展示台)、终端图像显示系统(投影仪、屏幕、显示器、交互式电子白板)、音频处理系统(教学功放、音箱、麦克风)、传动控制系统或集中控制系统(中央控制器)四部分,形成了一套完整的教学系统。

1.计算机

多媒体计算机是演示系统的核心,教学软件的应用和课件的制作都需要它来运行,在很大程度上提高了演示的效果。

2.投影仪

多媒体投影仪由高亮度、高分辨率的投影仪和电动屏幕组成,是整个多媒体演示教室中最重要并且也是最昂贵的设备,它连接到播放系统、所有视频输出系统,并把视频和数字信号输出显示在大屏幕上。

3.音频处理系统

音频处理系统用于教学的主要由教学功放、音箱、无线麦克风和有线麦克风组成。

4.中央控制系统

中央控制系统是整个多媒体教学系统的核心,包括控制主机、控制面板(按键面板、触摸屏面板)、控制软件(可编程软件、网络控制软件、手机控制软件)、控制模块(电源控制模块、遥控调光模块等)、视频和音频矩阵。

中央控制系统可分为以下几类:

第一类为简单的中央控制系统,一般用于小学多媒体教室,主要用于控制设备稍微少一些的地方。

第二类为智能中央控制系统,一般用于中学多媒体教室,可控制多台设备。

第三类为网络中央控制系统,一般用于安装多台中央控制系统的学校,主要是便于管理和控制。

第四类为会议中央控制系统,一般用于多功能会议室,一般用无线触摸屏控制。

第五类为可编程中央控制系统,一般用于大型会议室,通常有多台控制设备,可提供编程窗口。

5.视频显示架

它是一种先进的投影演示装置,它可以通过摄像机拍摄出平台上各种物体的照片,并把图像输出用于投影或存储在其他的设备当中。

(二)多媒体教学系统功能

综合目前各类学校教学中使用的各种多媒体网络教学系统,可以总结出多媒体教学系统在技术层面的功能主要包括多媒体集成、远程监控、多方向通信、同步和异步通信、资源支持和信息获取,等等。

通过精心设计的教学活动可以体现技术层面的功能,进一步实现多媒体网络教学系统在教学层面的功能。多媒体教学系统在教学层面的功能主要包括促进多媒体教学以及现代教学理论的实现,使教学内容和教学设计更加丰富;教师灵活监控,并与学生灵活互动,高效完成教学任务,提高教学质量;有利于培养学生的素质,便于学生进行个体化学习;方便网络实践和测试的实现,及时了解学生的学习情况。

目前,多媒体教学系统应用于各类学校教学,虽然各自的功能不同,但其功能包括两部分:教师机功能和学生机功能,并且功能主要集中在教师机上,学生机则主要接收教师机发送的命令来用于完成命令的操作。

1.教师机的功能

广播教学:教师机的所有屏幕操作和语音信息都可以通过网络实时传输到指定的学生机上,窗口广播也可以在窗口模式下将教师的屏幕传输到学生的屏幕上,学生可以边看边练,从而达到同步学习的目的。

屏幕录制:教师机在教学中录制屏幕操作和语音,使学生能够重复学习或为其他教师提供参考。

语音教学:教师机通过耳机话筒进行语音教学,学生机通过录音功能录制教师语音教学内容,方便课后复习讨论。

广播:教师机可以将指定学生机的操作界面转发给其他学生机进行集体校正或学习。

演示:教师机允许学生机通过网络控制教师机的计算机,然后将操作过程传送给其他学生机进行演示练习。

电子教鞭:屏幕作为黑板,教师机器可以通过各种工具对问题随时注释,学生机能实时看到各种图表,更加方便教师教学。

远程信息：教师机可以查看学生机的信息，包括系统的基本信息、哪些程序正在运行、硬盘信息等。

在线讨论：在课堂上，可以享受类似于互联网的超级论坛，可以交换文字、声音和图片，并实时呈现所有内容。

文件传送：教师机可以将作业或文件资料传送到学生机的指定目录。

网络影院：教师机在课堂上需要视频辅助教学或课间娱乐时，可以实时向所有的学生播放各种电影数据，实现多媒体视听教学。

小组教学：教师机可以对学生机进行分组，指定小组组长代替教师机，为小组成员讲授、学习和讨论等其他各种操作。

远程关机或开机：教师机可以对学生机进行远程打开、重启或关闭。

收取作业：教师机可以实现对学生机提交的工作的集中收集和管理。

多路广播：多路广播其实就像是一个多频道网络影院，学生机可以选择很多频道，教师机可以播放不同的内容，学生机也可以自由选择。

远程设置：教师机可以远程设置学生机，甚至取消一些功能，便于达到教学管理的目的。

远程命令：教师机可通过网络远程发送命令，启动学生机上的应用程序。

监控：教师可以在自己的电脑屏幕前监控每台学生机的电脑操作，并可以远程控制学生机的操作。

黑屏：教师机禁止学生机完成计算机操作时，可以锁定学生机的鼠标和键盘，屏幕为黑色。

2. 学生机的功能

电子举手：当学生遇到问题时，可以使用电子举手功能，让教师立即知道自己的位置，教师机可以使用监控、语音或遥控功能帮助学生解决问题。

发送信息：学生机可以向教师发送信息。

作业提交：学生机可以将已经完成的作业提交给教师机。

二、计算机教学的网络教学环境

(一)校园网络系统概述

校园网系统通常是指利用网络设备、通信媒体和相应的协议以及各种系统管理软件将校园计算机与各种终端设备有机地集成，并通过防火墙连接到外部 Interne，用于教学、研究、学校管理、信息资源共享和远程教育等的局域网。

校园网建设是一项综合性的系统工程，包括网络系统的总体规划、硬件选择和配置、系统管理软件的应用和人员培训等。因此，在校园网建设中，必须将实用性与开发、建设与管理、使用与培训的关系处理好，以便于健康稳定地开展校园网建设。

(二)校园网的硬件组成

校园网络的硬件通常由服务器、网络互联设备、网络传输介质和工作站组成。

1.服务器

服务器是一种高性能的计算机，主要为客户端计算机提供各种服务。由于服务器是专门为特定网络应用程序研发的，因此在处理能力、稳定性、可靠性、安全性、可伸缩性和可管理性方面，它比普通计算机更强大。服务器根据其在网络中具体执行任务的不同，可分为 Web 服务器、数据库服务器、视频服务器、FTP 服务器、邮件服务器、打印服务器、网关服务器、域名服务器等。

2.网络互连设备

(1)路由器

路由器是连接多个网络或网段的网络设备。通常路由器有两个典型的功能：数据通道功能和控制功能。数据通道功能通常在硬件中完成，控制功能通常在软件中实现。

(2)集线器

集线器是连接多台计算机或其他设备的网络连接设备。集线器主要提供信号放大及中转功能，它将一个端口接收的信号分配给所有端口。

此外,一些集线器还可以通过软件配置和管理端口。

（3）交换机

交换机的形状非常类似集线器,是一个多端口连接设备。两者的主要区别在于交换机的数据传输速率通常比集线器的数据传输速率快得多,校园网中心的核心交换机通常具有路由功能。

（4）网关

网关是网络连接设备的重要组成部分,它既具有路由功能,还可以相互翻译和转换两个网段中使用不同传输协议的数据,从而可以互连不同的网络。网关通常是一台配备了实现网关功能软件的专用计算机,这些软件具有网络协议转换和数据格式转换等功能。

（5）防火墙

"防火墙"是指将内部网与公众访问网(例如,因特网)分离的方法,其实际上是一种隔离技术。

3. 常用的网络传输介质

（1）双绞线

双绞线是综合布线工程中最常用的一种传输介质。它由两根带有绝缘保护层的铜线组成,这两根绝缘铜线以一定的密度绞合在一起,在传输过程中,一根导线辐射出来的电波会被另一根导线发出的电波相互抵消,从而有效地降低了信号干扰的程度。

（2）光纤

光纤以光脉冲的形式传输信号,主要是由玻璃或有机玻璃组成的网络传输介质。它由纤维芯、包层以及保护套组成。光纤具有非常高的传输带宽,并且当前技术可以以超过 1000Mbps 的速率传输信号。光纤的衰减极低,抗电磁干扰能力强,传输距离可达 20 多千米。但是光纤的价格很高,安装复杂并且精细,需要特殊的光纤连接器和转换器。

4. 工作站

在校园网络中,工作站由单个用户使用,并提供比个人计算机更强大的性能。有时,工作站是用作特殊应用程序的服务器,例如,打印机或备份磁带机的专用工作站。工作站通常通过网卡连接到网络,然后需要安装相关的程序和协议访问网络资源。

(三)校园网络系统组建结构

校园网系统一般由三个主要部分组成:网络中心、校园主干网和每个教学为单位的局域网。

1.网络中心

网络中心也是校园网络中心机房,配备各种系统服务器(文件服务器、数据库服务器),中央交换机和配线柜。如果在使用期间数据流量不大,则只需配置一个服务器,根据将来的网络发展情况判定是否扩充。因此,建立网络中心将是完成整个校园网络组的关键。为了保证网络的稳定可靠运行,网络中心的设备应选择信誉可靠、质量高、性能稳定、扩展性强的专业产品,网络中心的性能将直接影响整个校园网的性能。

2.网络主干

校园主干网主要提供校园内各个局域网之间的互联互通。通常使用诸如核心交换机或路由器之类的专业网络设备,并且用光纤作为传输介质,为每个单元子网之间提供高速和大容量的信息交换能力。目前,常用的主要主干技术是快速以太网技术(千兆以太网技术)、光纤分布式数据接口技术和异步传输模式技术。

3.局域网

局域网是一种计算机通信网络,在局部的地理区域(例如,教学楼中的某个层)中将各种计算机外部设备和数据彼此连接。局域网也具有很多种网络组建技术,目前,大多数使用双绞线作为传输介质,接入交换机用作网络设备,以形成新型以太网网络。在某些情况下,也有许多学院和高校建立了无线局域网。

(四)校园网的主要功能

1.教学应用

校园网的主要功能实际上就是教学应用。它由网络教学平台提供支持,在线教学信息资源库提供信息,然后使用各种网络教学工具完成网络教学任务。

（1）网络教学支持平台

网络教学支持平台是学校网络教学活动的支撑系统。它包括网络备课，在线教学、在线课程学习、网络操作练习、在线考试、虚拟实验室、在线教学评估、作业提交和更正、课程问答、师生互动和教学管理。

（2）教学信息资源库

教学信息资源库是学校网络教学的重要组成部分之一。它包括多媒体材料库、主题库、教学设计库、课件库和测试题库。同时，资源库也将为教师和学生提供各方面的功能，包括全文搜索、属性检索、资源添加删除和分类、压缩包下载等。

2.研究应用

校园网允许用户共享各类计算机软硬件资源和学术信息资源，从而提高科研效率，并且校园网也可以降低研究成本。研究人员可以通过校园网络组建一个工作组，不同办公室的研究人员可以通过网络轻松地与其他成员交流设计思路和设计方案。此外，人们还可以使用校园网络的对外联网的功能搜索来自全世界的信息，还可以使用电子公告栏与世界各地的专家讨论最新的想法，发表和交换学术观点以及交换论文。

3.信息发布

学校的官网主页就像一个学校的窗口，学校可以通过这个窗口向世界各地的人们展示他们学校的形象。通常学校主页包括学校简介、部门专业、教师团队、人才培养、招生和就业、科研信息等内容。这个主页可以发布各种重大活动，会议通知、安排以及各种官方文件，节省时间和金钱，并提升宣传效果。

4.数字图书馆

校园网的建设对数字图书馆的建设和应用产生了巨大的影响。数字图书馆以数字化格式存储大量多媒体信息，并且可以有效地操作这些信息资源，而且资源数字化、网络化和自主化等优势是传统图书馆比不上的。更重要的是，每个用户都可以通过校园网轻松检索和阅读图书馆的书籍和文档，读者可以访问图书馆的在线数据库，通过校园网络就可以在家中和办公室阅读报纸和期刊等。

5.管理应用

高校管理信息系统是基于校园网络建立起来的,在人事、教育、财务、日程安排和后勤管理等方面为高校提供先进的分布式管理系统。它将会改变原先管理模式的垂直、单通道、个人依赖性强、判决能力弱的劣势,将其转变为现代多向、多通道、分布广的复杂模式,进而提高管理效率,达到更好的效果。

通过校园网学校可以建立一个集中与分散相互结合的分层、分布式数据库管理系统,这样不仅可以实现高校各部门之间大量数据的共享,还可以为管理者及时提供数据并帮助做出快速决策。校园网提供的通信功能可以为教职员和管理者提供全面的多媒体电子邮件功能,向各部门和管理人员发送各种通告、通知等信息。

三、计算机教学的远程教育环境

(一)远程教育系统功能

远程教育系统是一个整体的网络化学习解决方案。一般包括远程授课系统、自主学习系统、答疑系统、作业与考试系统、教学教务管理系统教与学的五个子系统,五个子系统的功能具体分为以下几个方面。

1.教师授课系统

通过教师的讲授向学生传授知识。

2.学生自主学习系统

学生利用远程教育系统中的教育资源进行自主学习,它是远程教育系统区别于普通学校教育的一个重要方面。

3.答疑系统

对学生在学习过程中遇到的问题进行解答,同时对学生的学习效果进行检查。答疑系统是构成远程教育系统的一个重要部分。现有的远程教育系统中答疑系统通常是利用 E-mail 或网络教室实现学生与学生、学生与教师之间的讨论。

4.作业与考试系统

负责学生作业的布置、提交和批改以及学习效果的测试系统。

5.教学教务管理系统

对学生的注册、缴费、课程、成绩、学籍等进行综合管理,教学教务管理系统是远程教育系统中不可缺少的一部分。

(二)远程教育系统特点

1.师生在学习期间准永久分开

远程教育系统允许任何人在任何时间、任何地点,从任何章节开始学习任何课程,这"五个任何"充分体现了远程教育系统的便捷性以及灵活性,非常符合现代教育和终身教育的基本要求。众所周知,教师和学生在时间和空间上的准分离是远程教育系统的基本特征,分离不是永久性的,并不完全排除面对面的沟通,教学活动可以实时完成,也可以非实时完成;可以同步完成,也可以不同步完成。

2.学习形式灵活多样

在基于计算机技术和网络技术的现代教育条件下,远程教师扮演的角色将不仅是传播者、领导者、帮助者,也是参与者、辅导者和监察者。在远程教师和机构的指导下,学生可以根据自己的学习情况自主制定学习计划和时间表,并使用各种远程媒体学习资源和学习支持服务进行学习,整个学习的过程主要在自己的工作和生活环境中进行。所以,可以说远程教育系统非常重视基于个性化学习并辅以教师辅导的学习方式,使学习风格更加灵活多样。

3.共享丰富的教学资源

计算机网络是远程教育系统的主要传播载体,它连接着世界各地的信息资源,是一个信息、知识和智慧的网络。远程教育系统利用各种网络为学生提供了富的信息,优化和共享各种教育资源,打破资源的地域和属性特征,整合人才、技术、课程、设备等优势资源;满足学生自主选择适合自己信息的需求,使更多的人能够获得更高水平的教育,实现一定程度的教育平等;提高教育资源的使用效率,并减少学习的成本。

4.双向沟通和互动

如上述所说,远程教育系统以计算机网络为主要传播载体,这就保证了它既可以实现教学信息和教学内容的远程传输与共享,也可以让教师与学生、学生与学生之间进行全方位的双向沟通互动。同样的,这种沟通互动可以是实时的,也可以是非实时的,远程教育系统真正地实现了教师与学生、学生与学生之间的双向、实时沟通交流互动。

(三)远程教育系统技术支持

1.宽带网络技术

每种通信介质都具有自己固有的物理特性,即带宽。通常将主干网络传输速率高于 25G,并且具有高达 1M 的接入网络传输速率的网络定义为宽带网络。宽带接入是具有大数据流量的交互式远程学习系统的必备条件。

2.Web 技术

在基于 B/S 模式的远程教育环境中,需要大量的网络技术,如 Web 设计、ActiveX 技术、J2EE 平台、ASP.NET 平台和其他相关的基于网络的安全控制。

3.多点通信技术

多点通信技术是远程学习系统中传输教学信息的技术先决条件。多点通信可以通过点对点模式和广播模式实现,但两者都有自己的特点。在实际应用中,可以根据情况进行组合。在点对点模式下,如果要实现点对多点通信,则发送方必须为每个接收方发送数据包,它的优点是安全可靠。在广播模式下,发送方只需要发送一个数据包,该数据包可以被网络中的所有节点接收,从而节省了网络带宽。

4.虚拟现实

虚拟现实技术是一种全新的人机交互界面,是对物理现实的模拟,改变了人机交互的方式,创造了一个完整且令人信服的虚拟环境,让人们沉浸其中,实现了计师的设计目标。

5.数据压缩和编码技术

交互式实时远程学习模式需要通过网络传输大量音频和视频信息，这增强了远程学习系统的协作和交互能力。为了提高网络利用率，并使网络能够传输更多信息，实现更好的交互和通信，就必须压缩网络中传输的媒体信息以减少网络负载。

因此，人们不断地研究既可以压缩媒体信息，又可以保证信息传输质量的数据压缩和编码技术。国际标准化组织和国际电信联盟等组织相继制定出一系列的编码标准，为实施交互式实时远程学习系统提供实用的编码技术和标准。

6.多媒体同步技术

多媒体是不同信息媒体的融合。多媒体依据时间特征可以分为与时间无关的媒体和与时间相关的媒体，与时间无关的媒体是指不随时间变化的媒体，例如文本、图形、静止图像等。与时间相关的媒体通常是高度结构化的、基于时间的信息单元集合，其表现为与时间相关的媒体流。由于与时间相关，因此在通过网络传输时涉及同步问题，远程教育管理系统应动态维护教学软件的多媒体同步。

第五章　计算机的教学模式与教学方法

第一节　移动网络自主课堂教学模式

一、云端课堂教学

(一)云端教学的含义

云计算是一种新的计算模式。云计算按需调用虚拟化的资源池,它将计算任务分布在资源池上,使各种应用系统能根据需要获得软件服务、计算能力和存储空间。云计算的数据和程序是保存在互联网上的"云数据"中。使用者只要接入网络,就可以在享受云端服务的时候不受时间和空间的限制。通过获取和使用云端数据,为个人提供其他载体无法实现的超级计算能力和超大储存空间。借助云计算开展的移动学习对移动终端设备的要求不高,更为教学提供了高校的学生环境,使得高校开展云端教学、移动学习成为可能。通常,人们把依托云计算、移动通信技术、社会性软件共同构建的信息化交流平台所开展的教学称之为"云端教学"。

云端教学作为一种学科教学,其载体就是云技术,通过对云端教学平台的使用而开展的一种教学形式。云端课堂教学是将计算机、平板和互联网技术上的数字教学资源进行优化整合,在这种教学模式下,传统的教学黑板变成电子化的白板,学生通过无线网络接入教学系统,进而达到教学的目的。云端教学最初的目的是希望借助现代云技术解决传统课堂中存在的技术问题,从而促进教学改革。

云端教学作为一种教学模式,是由教师和学生共同构建的一种虚拟化的学习社区,在这个教学平台上,实现学生知识的构建、智慧的发展和实践能力的培养。在这种教学模式下,学习和教学不再受到地域的限制,它使教师和学生之间的联系更加紧密。云盘存储了教学资源,以方便学生随时随地地学习;同时可以随时开展协作学习,接受教师的远程指导,学习平台突破了时空的限制;借助于现代语音视频技术,沟通更加方便。运用这种教学模式的目的是培养学生解决问题的能力,它是以学生为中心的一种自主、协作和探究学习模式。这种教学模式能够及时地反馈学生的学习效果,实现实时的教学监督,学习的评价也更加真实、更加准确。

(二)云端课堂的特点

1.云学习——搭建空中快乐课堂

云端课堂具备一个全新的教学体系,其充分地运用网络信息技术,建立了一个比较完善的虚拟教室,每一个云教室的使用者只要按照自己的账号和密码登录就可以进入此教室进行自主性的学习。而这种新的学习方式也有一个特别的名字,称之为"云学习",在云端进行学习,学生非常地自由,可以与其他同学一起交流和讨论学习上课遇到的难题,同时也可以分享自己的学习经验,互相学习,在遇到难以解决的问题的时候,还可以向教师寻求帮助,可以自由地和教师进行交流和互动,构建一个快乐的课堂。

（1）微课分解难点,促进自主学习

在云端课堂上,学生可以做到的课前预习、课堂练习以及课后问问题,这一系列的活动都是自主完成的,不会受到时空的限制,教师可以采取微课的形式,将课堂知识的重点和难点制成视频放在云课堂上面供学生自己观看,然后学生可以根据自己的情况和需求选择课程学习,自己掌握学习的时间进度,对于那些自己觉得难以理解的知识点也可以多看几遍,慢慢地理解,再不懂还可以与其他同学一起交流讨论,或者直接向教师提问。这种方式能够提高学生的学习积极性,让学生真正地理解课堂的重点和难点,不至于从一开始听不懂到最后就完全放弃学习了,能让学生重新对这门课程产生兴趣和学习的热情。

（2）邂逅学习知己,搭建协作平台

就云端教学来看,其建立了一个促进教学互动的体系,这种体系可以促使学生在云端内进行学习的时候，也可以认识一些与自己爱好相同的小伙伴，大家可以在一起互相鼓励、对一个问题共同钻研和学习，并可以一起挖掘其他的兴趣爱好。在云端进行学习的时候，认识一些有着共同爱好的朋友是非常必要的，学生之间的相互合作、互相监督可以提高学生的学习效率。在这个过程中，双方也需要持有友好的态度，要有一定的责任心，本着真诚的心结交朋友。总的来说，云端学习有利于参与学习的学生提升自己的认知能力，同时也能够帮助学生掌握健康的人际交往的技能。尤为特殊的一点是，学生之间做到相互的监督，相互的修改意见以及相互的完善自己的不足，以改善学习的方法和思路，都能够被云端所记录下来，因此学生还能够对自己的学习过程进行回顾。

2.云教研——融化信息孤岛，拓宽教学渠道

"云教研"不会受到时间和地域的限制，教师在云教研上面随时随地都可以进行教研讨论，且相关的讨论数据都会得到保留，云教研的教研讨论更具意义。讨论的教师不仅有校内的也有校外的，还可以和很多名校的教师一起进行讨论，可以发挥一些高校教师和骨干教师的带头作用。

云教研的实效性较强，其备课方式颇为丰富，如有多次备、集体备和个人备这几种常用的方式，能够实现共同参与，互相促进，一起成长。究其缘由，这主要是因为云教研能够减弱在时间和空间方面的限制：教师可以通过共享教学资源，加强交流和互动，在协作的过程中解除戒备和不安心理，彼此鼓励和学习，减少人与人之间的陌生感，消除人和人存在的距离感，取长补短、共同进步。

3.云评价——关注学习数据，记录成长轨迹

就当前的教育形势来看，随着"大数据"时代的到来，高校的教学评价方法越来越多元化。例如，云端能够根据学生的学习行为、学习情况和学习历程等生成清晰的数据，这些数据客观全面，一目了然，高校教学工作者能够借此掌握学生的兴趣爱好，了解学生的学习状态，分析学生的合作能力，从而更科学合理地对学生的学习成绩和学习效果做出公平、公正的评判。

云平台中还有留言板以及聊天室等模块，教师、学生以及家长都可以

在留言板上留下评价,而这些评价都是一笔很有价值的数据,对于不断完善云平台的相关功能具有重要意义。对于教师来说,这些数据也有利于对自己教学的进行反思,并不断地进行完善,同时还有利于了解学生的学习进度情况,对于纠正学生一些不好的学习习惯以及鼓励学生创新具有重要意义。

云评价还继承了传统教学模式中的真实性的交流以及隐蔽性地进行交流的特点。云平台本身就具有一定的隐蔽性,保障每一个用户的隐私安全。评价人在评价的时候可以通过私信,也可以匿名评价,保障了评价隐私性。同时,评价也具有时效性,往往很多人在看完视频后就会立刻发表自己的看法,或是一些表扬和激励,或是一些实用性的建议。此外,云平台还具有一定的储存能力,能够将学生在平台上所有的学习过程、学习经历以及别人交流的记录都保存下来,这样对学生日后的学习也具有重要意义。

二、云端课堂教学实践的优势价值

(一)云端课堂教学的模型构建

云端课堂教学是以云端为基础的,课堂内所有的资源的获得以及对资源的处理都是在云端内部进行的。教师以及学生可以进入自己的终端来支持云端的学习平台,同时也能够在云端教学中实现资源共享,让课堂设计更加完善,主要表现在课前、课中以及课后三个阶段之中。

1.课前学习阶段

课前学习阶段,教师主要可以通过在云端课堂中搜集学习资源并进行备课,并在备课之后,给学生布置预习的任务。当学生遇到一些问题的时候,可以对学生的问题进行回答,与学生进行在线交流。而从学生的角度来看,学生利用交互学习终端进入云端学习课堂,并从中获得教师发布的预习任务,并在进行预习之后,将预习的结果再次上交到云平台。学生在预习的过程中肯定也会遇到很多的问题,可以和同学以及教师进行交流解决问题。

2.课中教学阶段

课中教学阶段主要是教师与学生之间的活动,包括教的活动、学的活动以及评价的活动等。首先,在教的活动中,主要是教师通过多媒体进行教学,并在教的过程中对学生进行辅导。其次,在学的活动上,主要是指学生的学习活动,即学生的自我学习以及与其他同学的交流互动学习,再者还有以小组为单位的学习。评价的活动则是指学生对教师的教学进行评价以及对自己的学习情况进行评价,比如学生对教师的评价主要是对教师讲课的声音大小、教师的教学内容以及教师的语速提供一定的意见和建议。而教师也可以根据学生的相关意见进行改正,不断完善自己的教学,让学生获得更好的教学体验。

3.课后学习阶段

这一阶段是在课程开始之前以及课程结束之后的学生自主学习的阶段,学生可以利用平台上已有的一些测试系统,对今天学习的章节进行测试,了解自己一天的学习情况。同时,学生在进行预习之后,也可以通过做相关的试题了解自己的预习程度。课后的学习阶段需要学生具有较强的学习自主性,能够控制自己的行为,并自主地进行学习。

4.云端课堂教学终端

教的活动、学的活动以及评价的活动都是使用云端课堂教学系统以及云端课堂教学终端实现的和支持的。很多学习资源都是从云端教学终端中获取的,在云端教学的过程中,课堂教学是一个相对而言比较开放的空间,学生和教师都能够在里面自由地表达自己的想法,并不断地提高自己的能力。

5.云端课堂教学的学习支持系统

在云端教学模型之中,云端课堂教学学习支持系统占据了重要的位置,有力地支持了云端课堂教学模型的发展,主要表现在以下几个方面:首先,可以通过网络信息技术加强教与学的设备,并能够促进云端课堂教学开展一些有趣的教学活动。其次,教师以及学生都能够通过交互终端进入云端教学学习支持系统,并实施教与学的活动。最后,其他的人员,比如学校管理者、学生家长、教师同行以及教研员等都可以接入云端课堂教学系统进行学习。

6.云端课堂教学的学习资源库

云端教学中的学习资源库也是云端课堂教学学习支持系统内的重要

内容,在云端课堂教学中,学生需要的资源是非常广泛的,也是比较确定的、即时的,其需要的是与自己的学习密切相关的学习资源。同时,云端课堂教学中学生的学习过程不仅是教师、学生与学习资源的交互,更重要的是在参与学习的过程中,吸取教师、同学、远程学生或专家等人的智慧,建立起学生学习的社会认知网络,获得持续获取知识的"管道",通过学习资源在学生、教师等人之间建立起动态的联系,共享学习过程中的人际网络和社会认知网络,满足社会化学习的需求。

(二)云端课堂教学的优势

1.云端课堂教学可以激发学生学习兴趣

心理学的相关研究表明,学习的动力是兴趣,能够促使学生养成良好的学习习惯。采用云端教学软件进行学习可以将一些枯燥的知识点转化为精美的图片或者动态的视频,激发学生的学习兴趣,提高学生学习的积极性。云端教学法调动了学生的很多感官,教学更加生动有趣,能够让学生直观地看到教学的内容,从而起到激励学生学习的作用。

2.云端课堂教学可以拓宽自主学习空间

一般来说,教师应该要起到培养学生创新性,帮助学生发散思维的作用,以高校学生为例,其思考的能力比较强,爱好也比较广泛。因此,教师应该高度关注学生的学习情况,充分地满足学生的个别化需求,帮助学生进行自主学习。在必要的时候,还可以帮助自控力比较差的学生制定初期学习计划。学生也可以根据教师的预习任务进行预习,培养发散思维,多看一些课外书籍,充实自己,在网上搜集到更多的资源,比如与知识有关的图片和视频等,加深学生对教学的了解,完成对知识的内化,这样一来就可以做到"云端教学软件"与课堂教学完美结合,让二者有机地结合在一起,同时给予学生充分的自学空间。

3.云端课堂教学可以让学生成为学习的主人

技术手段的运用,必然带来整个教学模式的转变。在云端教学模式下,教师角色要从单纯的知识呈现者转变为学生的学习陪练,让学生承担学习的责任,成为学习的主人。云端教学的重点在于"渔",云端教学课前的准备,是让学生养成独立自主学习的习惯,培养自主学习能力;课上的互动及讨论,是让学生增强提问和思考的能力。在云端教学的整个过程中,教师的重点是将形成学习习惯和培养自主学习能力作为更为重要的教学目标。此外,云端课堂让学生的学习从室内扩展到室外,从学校移到家庭、社区、博物馆;学习的内容不仅仅是课本、作业本、教辅资料,社交网站、专题网站等都可以成为学生获取知识的工具和平台。

4. 云端课堂教学高效且方便快捷

在云端教学中进行学习,学生可以自主地进行学习,在任何时间和地点都可以自主学习以及与他人进行交流,同时也可以保持与其他学生的联系。学生也可以向平台里的专家提问题,也可以自己观看一些名校的开放课视频,进行自我提高和完善。总的来说,云端教学克服了很多的问题,让师生之间的交流以及学生的自主学习更加方便。

三、云端课堂带来的高校教育变革

(一)适应创新人才的培养

现阶段综合国力的竞争取决于经济的竞争、科技的竞争以及人才的竞争,而人才的竞争从本质上来说就是教育的竞争。现阶段很多国家都把教育的发展放在第一位。就我国的高校教育的情况来看,我国高校也是培养高技术人才的重要场所。其非常重视对学生的社会实践能力的培养,同时也要求学生具备一定的综合素质,能够全面发展,而云端教学具备很多的优势,其中有丰富的资源、便捷的教学过程以及极其真实性的情境,能为高校培养人才提供一定的辅助,能促进高校为社会培养优质型人才,使其符合企业发展的需求。

(二)创新先进的设计理念

云端教学模式继承了传统的教育理念,但同时也加入了自己的创新,这些创新主要体现在教育的思想、方法上面。首先,通过云端教育可以实现教师和学生们之前的一些想法,这是传统教学无法实现的,比如随时随地地听课,随时随地的学习,云端教学也能够为师生提供一个良好的教学新环境。其次,云端教学还能够弥补传统教学的一些缺点,比如让教学变得多样化,通过一些图片和视频使得教学过程更加生动形象。最后,师生以及学生之间能够实现面对面地聊天,时间也不受限制,云端教学还具有节约学校资金的作用,在云端教学中,学生能够在云端进行交流和学习,同时能够与教师进行沟通,拉近与教师之间的距离,同时也能够让学生家长实时地掌握学生的学习动态,从而帮助和鼓励学生进行学习。通过云端进行学习也可以起到提高学习效率的作用,因为在云端上能够获得很多的资源,因此,学生能够学会自己整合资源,并运用和利用资源。云端教学中丰富的资源同时也使得教学活动变得生动和丰富多彩,云端教学使得信息化教学有了进一步提高。其真正做到了以学生为本,通过网络信息技术手段为广大教师、学生以及学生家长构建了一个比较完善的应用平台。

(三)教学模式的深刻变革

同样地,云端教学也会推动教学模式的创新发展。因为云端教学中有一些比较高互动的教学体系,且教学环境比较完善,再辅以科学合理的教学方法和模式,便能够让学生在云端学习系统中获得自己所需要的知识,并且能够通过与其他学生一起交流等方式帮助学生更好地进行学习。云端教学在发展的过程中也带来了很多的变革,主要表现在以下几个方面:首先,将传统的孤立的人为的学习环境转变为融入科技的真实的学习环境;其次,是将以教师为中心转换为以学生为中心的教学模式,并且由比较单一的感官刺激转变为同时多种感官刺激,让学生由被动接受学习变成主动参与学习;再次,学生的学习过程也逐渐从单一化向多元化发展,学生也从以事实和知识为主进行学习转变为由自己进行决策的学习;最后,学生还从被动地吸收知识转化为主动去构建知识。

(四)重视教学团队的建设

在传统的课堂教学之中,教师是课堂教学的主导者,设计了课堂教学的全部内容。一般而言一个比较优秀的教学设计单凭一个人是完成不了的,而是要凭借一个优秀的教学团体来完成。在云端教学的实践当中,要加强建立一个优秀的教学团队。一个教学团队的组成成员并不一定都是同一个专业的,也可以包括一些科学技术人员和教育技术人员,一个优秀的教学团队能够促进课程设计更加完善。

(五)重视学生的主体地位

云端课堂教学中,应该把学生作为教学的中心,教师将学生以及教学作为自己的研究对象,研究学生的特性并与其他学者一起交流和讨论,分析学生的问题,并探索解决的办法。以高校云端课堂教学为例,其服务的主体是学生,很多学生能够自己构建知识体系,并有一套自己的学习方法,还能够从各种学习经验中获得学习的路径。学校要配备相应的学习设备满足学生的需求,还要针对学生的特点以及存在的各种问题进行归类总结,让教师不断改善自己的教学方法,让学生能在云端实现自己的学习目的。

(六)完善课堂教学设计

在云端课堂教学课程设计中应该涉及很多内容,主要包括以下五个方面。

第一,云端课堂设计要做到更多地对学生的学习过程进行监控,同时还需要监督学生能按时完成自己的作业和学习计划,通过云端平台能够对学生的一些学习情况以及实施的情况进程等进行检测。

第二,云端课堂教学注重引导学生学习的过程,比如教师布置的学习任务以及教师也可以规定学生的时间引导学生更好地完成学习任务。

第三,云端课堂教学非常注重对学生的学习成果进行评价,并且重视学生对教师的评价。可以通过平台上的章节进行测试和练习,还可以通过一些问卷调查检测学生的学习成果,促使学生更好地认识自己,了解自己的学习情况,并能够及时地改正自己的不足之处,重新树立学习的信心。

第四,云端课堂教学能够对教学的信息进行及时反馈,能够对学生的学习效果进行评价和检测,能够使得教师从侧面更多地了解学生的学习状况,从而让教师更深入地了解自己的不足之处,从而调整自己的教学以适应学生的各种个别化的需求。

第五,云端课堂教学要坚持"以学生为本"的教育思想,要真正地做到从学生角度思考问题,并且教师要根据学生的特点进行个体化的学习指导以及提供各种类型的服务,让学生能够找到正确的学习方向。

第二节　翻转课堂教学模式

一、翻转课堂的特点与优势

(一)翻转课堂的主要特点

在教学方式上,翻转课堂教学模式变传统的讲述式教学为互动式教学,在翻转课堂教学模式实施过程中充分融入了互动教学理念,在课前准备时期互动式教学理念就得到体现,教师通过网络互动平台及时掌握学生学习的动态,在互动交流中实现知识的传授。在课堂学习中,教师通过答疑解惑、分组探究、协作学习等方式开展互动教学。

从教学环节来看,翻转课堂完全不同于以往的教学模式,因为它不仅改变了单纯由教师课堂讲授、学生课后练习的陈旧方式,还使教师退回到指引者的位置,强化了学生的自主学习能力和习惯,促进了师生的互动交流与合作探究。

从师生角色来看,翻转课堂使教师由过去的主导者转变为引导者和组织者,学生由过去的被动参与者转变为主动学生,如此一来,一方面有利于教师清楚地掌握学生的学习情况,从而可以更有针对性地传播知识,另一方面也有利于学生增强学习的积极性,合理安排学习时间,科学制定学习计划。

从教学资源来看,翻转课堂的主要教学资源是微课视频,这种视频时间较短,通常为 10 多分钟;主题较固定,针对性较强;发布简单,观看方便,易于保存、分享。因此,学生可以自行搜索、学习微课视频的内容,并控制观看视频的速度和时间,真正实现自主学习。

从教学环境来看,翻转课堂对网络设施、设备的要求比较高,同时需要配备完善的学习管理系统,以便教师能够上传、存放不同种类的教学资源,开展必要的在线检测,登记好教学进度和学生的学习情况,并及时加强师生互动交流,促进彼此了解,增进师生关系,促进教学实施和进程。

教学视频短小精炼,针对性强。在没有外在监督的情况下,学生的注意力一般都只能集中十几分钟。针对这一特点,"翻转课堂"的视频一般都比较短小,从几分钟到十几分钟不等。每个视频都有一个确定的主题,针对某一具体问题展开讲解,不仅具有较强的针对性,还为学生提供了搜索的便利。同时,为了方便不同学生的不同学习进度和要求,提高学生自主学习程度,这些教学视频都设置了暂停、回放等功能,学生可以根据自己的学习情况和需求自由控制播放进度、选择频段,从而提高学习的效果。

教学信息明确精准,集中性强。在缺少外在的约束和监督的情况下,学生的注意力很容易被一些其他的东西所干扰。为解决这个问题,"翻转课堂"采取了与传统教学录像不同的方式,就是在视频中看不到教师的形象,也没有其他会分散学生注意力的物品。学生只能在视频中看到教师书写教学内容和符号的手,听到教师讲课的声音。所有的教学信息能够集中精准、清晰明确的展现在整个视频屏幕中。不仅可以有效解决学生在自主学习过程中注意力分散的问题,精准的传递教学信息和内容,还能够缓学生上课的压力,营造更加轻松的上课环境。

教学模式新颖灵活,互动性强。一般的学习过程基本可以分为两个步骤,即信息的传递接收与知识的认同内化。普通的教学模式是在课堂上通过教师的教授完成信息的传递与接收过程,学生接收信息后,在课堂之外进行知识的内化,将课堂上接收的信息转化为自己的知识。教学信息的传递和接收在课堂外完成,学生通过网络教学视频和在线指导进行自主学习,了解和接受教学内容和信息,再带着疑问回到课堂,通过实时的课堂互动与答疑,完成知识的内化与巩固。

"翻转课堂"有利于教师及时地了解学生的学习疑问和困难所在,并能在课堂上给予针对性地回答和辅导。而学生也能够通过与教师、学生的交流在课堂上实现知识的整理和消化。这种新颖灵活的教学模式,不仅能增强学生学习的信心,还能提高教师教学的效果。

教学效果检测便捷,即时性强。检测和考核是测量教师教学效果和学生知识掌握的有效方式。"翻转课堂"可以在课程结束后即进行教学效果的检测。在每个教学视频的最后,教师都会设计若干小问题,检测学生对所学知识的掌握和理解情况,帮助学生发现学习的问题,并对自己的学习情况做出基本的认识和判断,引导学生进行自主思考,并及时地记下自己的问题和疑问。对于学生的问答情况,教师可以进行及时的汇总,通过数据分析和总结,发现教学过程中的重难点,改进教学方法。而学生还可以在学习之后的一段时间内反复不断地对薄弱知识点进行复习和巩固,而学习系统也会对学生每次学习过后的问答情况进行跟踪,分析和评价学生的学习效果。既有利于学生了解自身的学习情况,也有利于教师做出针对性地教学调整和改进。

(二)翻转课堂的几大优势

翻转课堂模式改变了传统的教学模式。通过这种教学模式的改变,就需要对教师和学生之间的关系进行重新定位,翻转课堂教学模式的优势主要表现在四个方面。

1.教师方面

①采用翻转课堂教学模式,可以有效增加教师和学生之间的交流,促使教师能够更加深入地了解自己的学生。随着科学技术的不断发展,远程教育的模式也得到快速普及。

②采用翻转课堂教学模式,能够促进教师的职业发展。教师在翻转课堂的教学活动中,可以通过对其他教师教学视频的观看和学习,了解其他教师的教学方式和方法,促进了教师教学之间的交流。借助先进的互联网技术,让学习其他教师的教学方法成为可能,这是翻转课堂教学模式的一大优势,也是传统教学模式难以达到的效果。

③采用翻转课堂教学模式,改变了教师在课堂中的角色。在翻转课堂的教学模式下,教师成了一个"教练",一个学习和思考的"引导者",更多地通过与学生的互动交流和合作学习解决学生学习的困难和问题,引领着学生自主地行进在学习的路上。在翻转课堂教学模式下,教师能够有更多鼓励学生的机会,让学生清楚怎样做才是正确的,从而解决学生的问题和困惑。

2.学生方面

①翻转课堂满足了学生的需求。现今社会,网络对学生的生活具有

巨大的影响力,已经融入学生生活的各个方面,比如微博、电子书等新媒体,这些教学资源都伴随着学生的成长。在信息化时代,学生不可避免地要接触这些电子设备,因此,学校就要顺应时代的潮流,利用网络资源的优势,服务学校的教学和学生的学习。在翻转课堂教学模式下,学生可以携带自己的电子设备,借助于电子设备开展学习,并实现与教师的交流互动,因此,这样的教学课堂更具有活力。

②在翻转课堂教学模式下,学生需要对自己的学习负责。在这种教学模式下,学生成为学习的主人。主动地承担起学习的责任,对自己负责、对学习负责,更加积极主动地投入学习中。在这种教学模式下,学习是一种探索性活动。由学生自主掌控自身的学习,但是在这个学习的过程中,教师也要引导学生树立正确的学习观念,真正认识学习的价值不再是仅仅拿到一定分数和教师的评分。通过开展翻转课堂教学,学生成为整个学习过程的主人。

③采用翻转课堂教学模式,可以帮助学习繁忙以及学习困难的学生。在这种教学模式下,针对那些需要参加学校以及各类竞赛的学生,不用再担心自身的学习,通过在线学习的形式,可以保证不落下学习课程。

④采用翻转课堂教学模式,学生能够自主地把握自身的学习进度。作为教育者,教师通常需要将特定的内容呈现于课堂之上。教师希望学生能够按照一定的学习框架进行学习,希望学生能够理解在课堂上学习到的任何知识。在翻转课堂教学模式中,学生就能够控制自身的学习,从而基于自身的学习能力和学习情况,及时地调整自身的学习进度。

⑤采用翻转课堂教学模式,学生可以向其他教师学习。由于不同的教师,其思维方法不同,对知识的传授方式也不同,因此学生在观看其他教师教学视频的过程中,也许就会有意外的收获。

⑥采用翻转课堂教学模式,同时增加了学生与教师个性化的接触时间。在翻转课堂教学中,在学生自由讨论的环节,学生可以针对自身的问题及时地向教师请教。这种形式的教学模式增加了师生之间的互动交流,能够让教师更加深入地了解学生的学习情况。

3.课堂教学方面

①在翻转课堂教学中,教师时间重新得到分配,教师时间能够更高效

地得到利用。在翻转课堂的教学模式中,教师的教授时间减少了,转而用更多的时间与学生互动交流,对学生的学习进行观察和分析,及时地了解学生的学习情况,改进和调整教学,不断地利用课堂时间引导和帮助学生;学生也在与教师和学生充分、及时地互动交流中解决了学习中遇到的困难和疑问,增强了学习的信心。

②翻转课堂教学模式让课堂动手操作活动更深入。动手操作是学生学习的一个重要方面,也是促进学生学习的重要方式,在教学课程的学习中表现得最为明显。理论性知识的学习与操作性技能的学习缺一不可,具体的实践和实验操作是巩固和深化理论知识的重要手段,学生可以在实验和具体的实践过程中深入地体会理论知识。翻转课堂教学模式能够给学生的实验操作和具体实践提供实时实地的指导,学生可以实时实地地按照教师的讲解逐步地进行试验操作,深化动手操作活动,提高动手能力。

4. 家长方面

采用翻转课堂教学模式,同时也为学生家长了解学生的学习课堂提供了可能。在翻转课堂教学模式中,他们可以与孩子一起观看学习视频,更新自身的知识。采用这种交流方式,能够有效增进他们之间的沟通和交流。同时在这种教学模式中,家长能够及时地了解孩子的学习进程,关注孩子的学习表现,更加关注学生所取得的进步。

因此,采用翻转课堂教学模式可以说是对传统教学模式的继承和发展。其在教学模式和检测方法等方面的创新,不仅有利于提高学生的学习激情和效率,促进教师教学方法的改进与调整,还有利于家长及时地了解学生的学习情况,推动各方的互动与交流。既能保证教学效果的实现和提高,还有助于学生的自我实现和发展。

二、网络时代下翻转课堂的教学策略

教学策略是教学模式成功施行并达到理想教学效果的保障,任何的教学模式都需要合适的教学策略来支撑。所谓教学策略是指为实现教学目标、完成教学任务而开展的一系列教学活动的过程,是教师在一定的教学情境下,结合学生的特征和需求,有针对性地设计教学方案、选择教学内容、运用特定的教学方法和技术,开展教学活动,实现教学目标,完成教学任务的过程。教学策略具有多样性、综合性、实践性和理论性等特征,可以从动态和静态两个维度进行理解,其结构是动态的,内容则是静态的,而内容组合则在一定程度上反映了结构构成的动态性。教学策略的内容构成主要有三个层次:一是对教学活动和过程具有决定性影响的教学理念和价值观念;二是对教学方式和教学行为的基本规则和规律的认识;三是在教学活动和过程中具体运用的教学方法和手段。教学策略具有两种基本的来源:一是已有的教育和教学理论,二是对具体教学实践经验的概括与总结。

翻转课堂教学模式最重要的特征就是引导学生主动自觉地学习,成为学习的主人,让学生学会对自己的学习负责。在翻转课堂教学模式下,教师与学生共同学习共同进步,充分尊重学生在学习过程中的主体地位,为学生创造个性化的学习环境,加强与学生互动交流。翻转课堂教学模式的基本策略就是根据学生的特点和学习需求,为学生创造个性化的学习环境和情境,培养学生学习的主动性和自觉性,充分激发学生创新和创造能力;并通过整合各类教学资源,运用各种技术手段,制作教学视频,结合课堂互动交流,调动学生自主学习的积极性,实现学生对既定知识的学习和掌握;学生通过自主的学习、独立的思考以及与同学合作交流内化知识,探索知识的内在意义。具体而言,翻转课堂教学模式的教学策略主要有以下几种。

(一)学生学的策略

学习策略是指学生在学习过程中,为完成学习任务与目标,进行有效学习,实现对知识的掌握与内化所采取的一系列方式、方法、技巧并开展学习活动的过程,包括了内在的规则系统和外在的程序步骤两个方面。翻转课堂教学模式要求学生在课前即完成基本的知识学习和掌握,然后通过课堂上与教师和学生的互动交流,培养学生自主学习、独立探究和合作学习的习惯,提高学生的综合素质,推动学生的全面发展。

1. 自主学习的策略

翻转课堂模式通过学生课前自主地观看教学视频完成和实现知识的

传递与教授,要求学生在课前即完成对基本知识的学习与掌握,主要针对的是原理性和事实性的知识。

学生的自主学习的策略是对学生自我调控能力的一种考验与培养。翻转课堂所采用的教学视频一般都控制在十分钟左右,即平时所称的"微视频"。在没有外在约束和监督的情况下,学生如何集中注意力,保持十分钟的专注,看完教学视频,完成初步的知识学习是对学生的自我控制能力的一种考验与培养。首先,学生需要在观看视频之前尽可能地排除一切外在的干扰,选择一个较为独立、私密的空间,创造一个安静的环境,确保教学视频观看的流畅性。其次,学生需要根据自己对知识的理解和掌握情况,适时地对视频进行暂停和回放。及时发现问题,适时充实巩固,要坚持对自己负责。最后,勤做笔记。俗话说"好记性不如烂笔头",学生在观看教学视频的过程中,要及时地记录所遇到的问题、感兴趣的问题和需要进一步了解的问题。形成良好的问题意识,及时发现自己知识的薄弱环节,适时调整知识结构和储备,提高学习的效能。总之,学生自主学习的策略就是通过学生独立自主的观看教学视频,使学生养成自觉学习、主动思考、勤做笔记的学习习惯;坚持对自己负责、对教师负责、对知识负责态度;充分认识自我,在学习之初便奠定坚实的基础。

2. 独立探究的策略

独立探究的能力是每个学生都必须学会且必须具备的一种学习能力。探究学习是学生在学习过程中的一种发现性的学习活动,主要包括观察、发现问题,提出问题,查阅已有研究、案例及其结论,提出假设,制定调查研究计划或实验方案,收集、分析、整理数据,对假设进行验证和解答并评价已有研究及其结论,提出研究发展的预测等多个环节。探究学习是对学生的发现问题、独立思考、自主研究、解决问题的能力的一种考察与培养,它不仅是学生需要掌握和使用的学习策略,也是学生学习能力的展现,更是众多教师广泛采用的一种教学策略,具有主动性、独立性、开放性和实践性等特征。

培养学生独立研究的能力是高校适应当今世界发展的一项重要任务。独立探究能力不仅是学生作为一个独立的个体存在的价值的体现,还是学生创新能力的提高的有力保障。在翻转课堂教学模式下,学生自主自觉地进行课前教学视频观看,掌握基本知识,积极主动地与教师和同学的互动交流,不断地提高自己的学习能力和研究能力,增加知识积累。学生学习和掌握知识的过程更受到教师的重视。在这个过程中,学生通过积极自觉地主动学习,逐渐地摆脱对教师课堂讲解的依赖,独立探究能力逐渐增强;而教师也逐渐地改变教学方式和方法,通过引导学生自主学习,和学生探讨互动解决问题,使学生体验自主学习和独立探究的乐趣与成就感,进一步激发学生学习和探究的激情与动力。

3.合作学习的策略

生活中到处可见合作,一个人的力量终究是有限的,有时候要解决一个问题必须众人一起合作方能完成,学习也不例外。合作学习不仅有助于学生更快地解决问题,还能促进共同提高和进步。合作学习是指学生在学习活动和过程中,根据学习任务和目标所进行的一种共同协作、互帮互助的学习模式。合作学习以合作个体的人际关系为纽带,以解决问题、提高成绩和能力为动力,以活动小组为载体,经过教师的引导和学生自由组合,在明确责任分工的条件下,完成既定的学习任务,实现一定的学习目标。合作学习不仅有利于培养学生的团队协作能力,还能改变一个班级,乃至一个学校的学习氛围,培养学生良好的品质和互动交流能力。

合作学习不仅是一种学习策略,还是一种富有创意、能够提高实效的教学策略。在翻转课堂教学模式中,学生可以根据课前自主学习所遇到的问题和存在疑问,在教师的指导下,进行自由的组合,组建合作学习小组,共同讨论、各抒己见,通过小组的互动讨论和实验操作最终找到问题的答案,实现问题的解决。而教师在这个过程中也会积极地加入学生的讨论中,与学生互动交流,给予及时地引导,并适时地抛出更有价值的引导性问题供学生进一步思考。同时,还可以组织全班学生共同探究,扩大合作学习的广度和深度,师生共同互动合作的学习才是真正意义的合作学习。通过合作学习,不仅有效地提高了学生的学习探究能力与交流合作能力,还很好地凸显了教师的学习引导者和调控者角色与地位。一方面强化了学生的学习能力,促进了学生知识的积累与知识体系的构建;另一方面也增强了教师的课堂调控能力,增进了师生关系。

(二)教师教的策略

1.教师制作教学视频的策略

高质量的教学视频制作是翻转课堂教学模式实现的首要环节,也是十分重要的环节。实行翻转课堂教学模式的教师和教育者一直在运用各种不同的方法、充分整合各种教学资源,不停地尝试制作出最精致、最具有吸引力的教学视频。

翻转课堂所采用的教学视频都是比较简短、精练的,因而对录制和制作的工具、技术以及成本等的要求都没有一般的视频制作那么高。录制教学视频只需要有基本的电脑及截屏程序,摄像及录制工具,电子输入设备即可完成。翻转课堂教学视频的制作,首先,可以使用网络摄像头进行直接的录制,这是最为方便和简洁的方式。调试好摄像头后,即可进行直接地录制,当需要用板书或者画图增进学生对知识的理解时,既可以通过用电子数据笔在白板上直接书写,也可以在后期制作的时候通过相关的软件插入内容。其次,针对已经拍摄、制作完毕的视频,可以使用屏幕录制软件,对已经录制好的视频或者优秀的视频中重要的部分进行快速捕捉,以做备用。最后,还可以使用截屏程序,对视频进行加工。在完成教学视频后,可以根据实际情况用截屏程序对视频进行加工和修改,把不需要的部分去掉,加入新的和需要增加和改进的部分,截屏技术能够很好帮助教师在已经录制好的视频中加入自己想要呈现和改进的内容。

在制作教学视频的过程中,教师还需要注意几个方面的问题。首先,要严格控制视频录制的时间,确保视频时长在十分钟左右,而且要在这十分钟左右的视频中把需要表达的内容完整地展现出来,以此吸引学生的注意力。其次,要保证说话的语速适中、语气生动、节奏明快。改变枯燥的说教和死板的形式,通过流利的口语和有活力的讲解,培养学生的兴趣,赢得学生的喜爱。最后,教师还可以运用诙谐幽默的语言的和讲课形式,增加视频教学趣味性,更好地吸引学生的注意力,激发学生学习的兴趣和乐趣。

2.教师教学生观看教学视频的策略

完成教学视频的制作,并不是视频教学的结束。在这之后,教师还需要引导和教导学生学会观看教学视频。教学生观看教学视频是翻转课堂教学模式实行的重要一环，它关系到学生究竟能不能很好理解和把握教师的意图和基本的教学知识点。这个环节在传统的课堂里就是教学生如何看书、如何阅读、如何使用教材的环节。教学视频的观看不同于一般的娱乐性质的电影以及综艺节目等的观看，教学视频的内容更加严肃，形式更加严谨，需要学生保持一种认真而仔细的态度，不能儿戏。

教师必须在翻转课堂教学模式实施之前就告知或教会学生学习观看教学视频。首先，就是要引导学生尽量地减少外在的干扰，尽最大的努力集中学习的注意力。其次，还需要对学生进行一定程度的技术操作训练。要对学生进行集中的培训和训练，教会学生如何控制视频的播放及进度，教师需要教学生学会自己控制教学视频。学生也要在这个学习的过程中，实现对自我学习的真正意义上的"掌控"。再次，教学生记笔记的技巧。做笔记是巩固学习的一种有效方式。为确保翻转课堂教学模式的顺利推行，教师必须教会学生做笔记的方法，为学生提供一个做笔记的样本，让学生不仅能够在观看教学视频的时候准确地把握知识的重点和难点，还可以及时地对自己的所学所做进行归纳和总结。最后，要引导学生积极思考，培养学生的问题意识。学生在观看视频时，要多问几个为什么，根据自己的兴趣，对某个问题进行较为深入的思考和分析。并通过教师、学生的互动交流，获得比在传统课堂更好地掌握知识的机会，更进一步地拓展自己的学识，增进教师与学生的互动关系。

3. 教师课堂教学的策略

对于翻转课堂教学模式而言，其核心内容是在课堂过程中教师对整个教学过程的组织。翻转课堂和传统的课堂教学模式相比，其最大的不同就是翻转课堂借助多样化的教学活动，在完成真实教学活动的过程中实现知识的构建，而翻转课堂的教学模式主要依靠教师开展多样化的教学活动。

在翻转课堂教学模式中，知识的传递放在课外，在真正的课堂上，教学则有更多的时间进行活动的设计。教师可以结合所教科目的特点，采用不同的教学风格和教学策略。

教师在组织开展教学活动的同时,还必须具备对课堂的引导能力。在课堂一开始的时候,教师可以通过抽查的形式掌握学生对视频的观看和了解情况,这种提问的问题必须是教师针对教学设计而选的,同时在这个环节教师还要适时地引导,营造一种有利于学生学习的轻松的气氛,进而鼓励学生勇敢地说出自身的见解和疑问。

在翻转课堂教学过程中,教师是整个课堂的引导者,而学生才是整个课堂的主体。如何在教学的过程中,让学生能够顺着自己的引导方向深入地学习是教师必备的一种能力。针对这种情况,教师就要具有丰富的知识储备,同时具有良好的课堂管理能力,使得能够高效地利用整个课堂时间,让学生在课堂中得到切实的发展。

(三)教学相辅的策略

随着社会的发展、时代的进步,对学生的自主性、合作和探究意识也提出了更高的要求,这就要求高校在开展教学的过程中需要对学生的这些能力予以重点培养。翻转课堂作为一种新型教学模式,它是以学生的自主性学习为基础,以合作和交流作为纽带,实现学生的探究性学习,进而提高学生的发展动力,这种教学模式更加注重培养学生的主体意识,因此,其关键点就是培养学生的自主性学习能力,让学生成为整个学习活动的主人,同时翻转课堂教学模式的顺利实施需要依靠教师和学生之间的良好合作和交流,借助群体性活动来实现。

在翻转课堂教学过程中,更加注重对学生自主性学习能力的培养,让他们能够掌控自身的学习。不管是在课前观看教学视频的过程中,还是在课堂需要学生独立完成作业的过程中,都需要学生自主地学习。在课前观看教学视频的过程中,学生可以根据自身的学习情况,自主地把握学习的进度。在课堂教学的过程中,需要学生独立完成作业的环节,学生要独立思考,遇到学习中的疑问可以向教师请教,通过对翻转课堂教学模式内容的分析可以发现,其为学生的学习提供了良好的学习环境,因而有利于促进学生的学习。

在教学的过程中,可以借鉴其他教师录制的优秀视频,但是教师仍然要清楚地了解学生的学习情况,结合学生的情况制定需要录制的内容,确定内容需要讲解的程度,进而吸引学生观看教师制作的教学资源。在翻转课堂教学模式实施的过程中,教师对学生的引导,对学生存在问题的帮助等扮演着重要的角色。针对翻转课堂教学模式而言,其关键点就是教师教学活动的设计。在教学评价阶段,教师要对学生知识掌握的情况充分了解并进行及时反馈,以便学生能够及时地明确自身的学习状况。

学生要想达到能够自我控制自身学习的过程,需要教师的悉心指导,在学生合作和探究学习的过程中,也离不开教师的引导。在学生合作学习的过程中,教师要为学生创造良好的环境,让他们能够切实感觉到他们是一个团体,彼此之间要互相依赖。在学生进行交流的过程中,也要为学生创造良好的环境,进而促进学生之间的彼此交流。通过对这些情况的分析发现,要开展好这些合作活动,其基础就是使学生发挥主导作用。

在翻转课堂教学过程中的小组活动环节,教师要积极地融入学生群体,认真倾听学生的讨论过程,及时了解学生的需求。在小组活动遇到困难时,就需要教师及时给予指导和帮助,调控学生的思维,从而促使学生能够深刻地理解教学内容。

在独立完成作业的环节,教师也需要走近学生,及时了解学生在整个过程中遇到的困难、存在的问题。针对比较个别的问题,教师要给予专门的辅导,对于那些普遍性的问题,教师要给予全体学生详细的解答。

三、网络时代下翻转课堂教学实践与探索

在网络时代下,高校课堂教学也实现了新的发展,翻转课堂作为新型教学模式的代表之一,融入了教学视频展开教学,使学生能在课前通过观看教学视频进行学习,通过完成课题练习吸收新知识,进而通过开展一系列课堂教学活动实现新知识的巩固内化。翻转课堂教学模式的实践让高校课堂教学焕然一新,教师转变教学方式,变传授式教学为探究式教学,能充分挖掘学生的学习潜力;学生也可以转被动学习为主动学习;在课堂教学中,教师可以及时解答学生的疑难点,促进教学效率的提升;学生能更充分地根据自身学习水平自主安排时间进行学习,在教学实践中不断调整更新学习方案,实现自主化学习。

近年来,随着翻转课堂教学实践的不断增多,关于翻转课堂教学的研究也逐渐深入。高校学生自主能力较强,加之高校的硬件设施环境相对完善,在高校应用翻转课堂的条件相对成熟。通过对国内高校开展的翻转课堂实践进行分析,总结出网络时代下翻转课堂教学实践的几个主要阶段:教学准备阶段、课堂教学活动阶段和评价分析阶段。

(一)教学准备阶段

1.教师活动

首先应分析并制定教学目标。当提及翻转课堂,首先想到的前期准备事项就是制作教学视频。然而,对于任何课堂教学的实施,其首要任务都是要分析和制定教学目标。所谓教学目标,即通过对教学活动的分析而得出期望值。教学目标的分析和制定是教学活动前期准备阶段的关键一环,因此,在网络时代下的高校课堂教学实践的前期准备阶段也需要制定清晰的教学目标。通过对现有教学环境、教学设备等多项影响教学活动的因素进行分析,继而得出相应的教学目标,有了明确的教学目标之后,教师就能实施针对性教学。同时,教师也可以具体分析出适合自己学生的教学方法,根据对不同教学内容的分析,选择适合的教学方式。例如,翻转课堂的视频教学比较适合直接讲述的教学内容,通过视频教学可以减少口语化的赘述表达,能让学生最直观地了解知识点。而教师在课堂传授知识的时候,有些内容通过直接讲述不能达到很好的效果,教师则需要针对这些内容采用探究式的教学方式。在网络时代下高校教育课堂实施的过程中,教师可以通过分析制定出教学目标,明确教学理念和教学方式,对适合通过翻转课堂教学模式的内容进行视频制作以及课堂教学实施,对于需要进行探究式教学的内容则选择合作探究的方式施教。总之,通过教学目标的制定探究最佳的教学方式,可以让教学效果更优,促进教学活动的实施。

其次应进行教学视频制作。翻转课堂教学模式下的课堂教学,其教学知识的传授是借助视频内容实现的。翻转课堂教学的教学视频有两种来源,第一种是教师自己录制视频,这种教学视频制作的教学内容具有针对性,教师对学生知识点的掌握和学习程度有充分的了解,可以针对性地进行教学视频录制,使教学内容更加贴近学生。第二种是来自其他资源,此种来源的教学视频既可以是其他教师录制的共享教学视频,也可以是互联网上的其他优秀教学视频。这种教学视频既可以便利教师的教学,也可以对教学内容起到很好地补充。

教学视频的制作是翻转课堂教学模式的重要环节之一,制作教学视频的三个步骤如下。

(1)做好教学安排

明确课堂教学计划,根据已经制定好的教学目标,对适合的教学内容采取翻转课堂教学模式。这一步骤必不可少,对不同的教学内容选择相应适宜的教学方式,是教师教学应有的习惯,在高校教学中引入翻转课堂教学模式是为了更好地实现教学目标。因此,高校教学课堂采用翻转教学模式的时候,一定要注意教学视频的制作是因为需要或适合视频教学而采取这种教学方式。

(2)做好视频录制

教师在进行教学视频录制时,要从学生的需求出发,做到详略得当,节奏适宜。同时,制作的视频要能贴近学生的学习方法和习惯,以便学生更好地吸收教学内容和接受视频教学。另外,录制视频的环境对制作视频的效果也会产生影响。教师要注意录制教学视频的时候保证环境的绝对安静。

(3)做好教学视频编辑

视频录制结束之后,需要对视频内容进行后期的加工,教师在视频编辑的过程中可以发现视频录制的不足甚至错误,避免之后录制视频出现类似错误。教学视频是为学生传授知识的,稍有错误便会影响教学内容的传达,这一环节恰好可以对教学视频进行查漏补缺。因此,教师在制作视频时要重视视频编辑步骤。

最后,是要进行视频上传发布。翻转课堂教学模式中教学视频是关键内容,教师在制作好教学视频后需要选择相关平台将视频上传发布。教师在选择发布平台时,第一考虑的是学生观看的便利性。除了托管平台、网站等,教师也可以通过建立自己的公账户上传视频资料,学生直接进入网页即可观看相关视频。随着信息化时代的发展,越来越多的教师也尝试建立教学讨论群,在群里发布教学视频,学生可以通过移动客户端随时随地观看,同时教师还可以直接解答学生的疑难。教学视频发布的平台除了观看便捷之外,还需考虑其他影响因素,如网络、电脑等外部条件。在选择上传平台的时候,教师要充分考虑学生的情况。比如,对于部分没有电脑的学生来说,其观看教学视频的时间和地点则受到较大限制。那么在这种情况下,视频发布的平台会直接影响到学生观看教学视频的情况。例如,教师可以将视频发布到校园多媒体中心,学生通过登录学生账号到校园多媒体中心即可观看到教学视频。一般情况下,不同的学校对教学视频的发布平台会根据本地、本校以及本地学生的具体情况确定,教师可以通过具体情况采取一至两种方法满足学生的需求。

2.学生活动

第一,学生要进入平台观看教学视频。课堂教学的主体对象是学生,课前准备阶段除了教师的准备活动之外,学生的课前活动也必不可少。在翻转课堂教学模式下,教师对教学内容进行分析后,将适合直接讲授的课堂知识制作成教学视频发布到相关平台,学生则通过进入平台观看教学视频,进行课前学习。教师通过上传教学视频让学生能在课前熟悉教学内容,这种方式既减少了教学课堂时间的占用,也可以让课堂教学的节奏更加紧凑,使得课堂内容更加丰富。同时,这种翻转教学模式还可以让学生更好地把握学习节奏。学习力较强、理解能力较快的学生通过课前的视频学习,能更快速地掌握知识点。学生可以根据自己对知识的掌握情况,对教学内容进行回看、停顿等,当学生在观看视频时遇到疑点,可以随时做相关记录,通过课堂教学得到解答。在这一过程中,学生通过观看教学视频对教学内容进行梳理和记录,能及时明确教学内容的疑难点以及自己的收获,学生在课前准备阶段观看教学视频有利于学生对教学内容的把握和教学节奏的跟进。

第二,学生要进行相关课前练习。教学视频的观看能够让学生初步了解教学知识点,但对于知识点的掌握还有待实践检验,因此,在观看了教学视频之后,学生还需要进行相关的课前练习。学生做适量的课前练习是针对学习教学视频内容的巩固性练习,通过实际课题练习可以发现学生对教学内容的疑难点和知识点的掌握程度,也可以帮助学生更好地消化教学视频的内容。从"最近发展区理论"分析,教师在进行课前练习安排时,需要合理设置课前练习题的难易度和数量。课前练习的作用是加强学生对教学视频内容的理解和巩固,学生通过视频教学内容的知识点解题,完成对新知识的吸收。同时,在这一过程中,学生还可以通过学校设置的网络交流平台和教师互动,将练习的疑难问题反馈给教师,便于教师在课堂教学时进行疑难解答和重要知识点的分析。此外,学生在练习之后也可以和同学沟通交流。学生之间可以互相解答练习遇到的问题,也可以帮助学生培养发散性思维。

(二)课堂教学活动阶段

课堂教学阶段是教学活动的主要阶段,也是翻转课堂教学模式的重要实施阶段。在这一阶段,将实现与教学前期准备的链接,对教师教学活动计划起到检验作用,也是学生实现知识内容、提升教学效率的重要阶段。在翻转课堂教学模式下,课堂教学促进了探究式教学、互动式教学的发展,主要实施步骤要点如下。

1. 确定问题,答疑解惑

互动式教学、探究式教学相对弱化,翻转课堂教学模式则实现了这一转变。通过课堂前期的准备活动,学生可以通过观看教学视频以及课前练习事先熟悉授课的相关知识要点,在前一阶段的实施过程中,教师可以掌握学生对新知识点的相关疑问。因此,在课堂教学活动阶段的第一步需要确定问题,并进行答疑解惑。与传统教学模式不同的是,翻转课堂将充分发挥探究式学习的作用,教师在答疑解惑的过程中引入了协作学习、交流解疑的方法。

由于学生个人的知识结构、学习理解能力以及对知识的认识角度不同,学生观看教学视频时产生的理解也会有所差别。因此,在教学前期的学习过程中,学生对新知识的理解吸收会有所差异,在此基础上,教师需要根据具体问题和情况进行分析,总结适宜进行课堂探讨的问题。教师要对学生观看教学视频和课前练习后提出的疑难点进行分析,提炼并总结具有探究性的问题,让学生依据自身的知识理解程度和学习兴趣对这些探究题目进行选择,展开协作探究。同时要注意的是,探究式学习中教师始终是起发挥引导的作用,因此,除了实现学生在课堂教学的主导地位,还要避免学生因个人因素产生随意、懈怠情绪。在这一过程中,教师需要对探究性问题做出合理设置,并积极引导学生选择合适的题目,让学生的学习思维得到最大程度地开发。

确定问题之后,教师根据学生所选问题进行分组。选择同一问题的学生成为一个小组,每组 4~5 人。小组内部可以对所选问题的类型和难易程度,根据自身学习能力进行分工安排,当问题涉及的内容较广,可以采用拼图学习法进行探究式学习。将小组问题分解成多个子问题,学生对子问题再进行探索,最后汇总形成整体探究。当问题涉及面相对较小,或不便分解的时候,最宜采用独立探究法进行研究,最后进行整体探究。

2. 独立探索,自主学习

独立学习的能力是学生在学习过程中极为重要的能力之一,也是学生的必备能力。学生在独立思考学习的过程中可以获得更多的提升,教师的教学效率也会更高。因此,在这一阶段,教师要注重对学生独立学习能力的培养,并为学生在课堂练习中独立探索创造条件。

翻转课堂教学主张学生学习自主化,并通过课前视频教学和练习对教学内容有了一定了解,而这些知识的获取属于课前学习阶段,减少了对课堂时间的占用,学生可以在课堂进行独立练习,通过开展探究式学习增强学生的学习主导地位,为学生的独立自主学习提供了条件,促进学生完成知识结构的更新和巩固。

在进行课堂练习时,教师要适当地"收"和"放"。在翻转课堂教学模式下,为学生提供了自主学习的空间和时间,学生在课堂中需要独立自主地完成课堂练习,或独立进行相关实验。在学生学习能力有限的情况下,教师需要适时适度地引导,给予学生相关指导,促进学生任务的完成和新知识的理解吸收。但当学生独立学习能力得到充足地提升之后,教师要给予学生足够的机会进行独立自主的学习。总之,独立学习能力的提升是学生学习能力提升的重要标志,也是翻转课堂教学要遵循的重要原则。

在翻转课堂的活动设计中,教师采用学生独立进行课堂练习的方式,培养学生独立学习的能力。教师要将适度引导和学生独立学习探究的方式相结合,将培养学生独立探究的学习能力深入整个课堂设计,促进学生独立探究能力的提升,帮助学生掌握学习技巧和提高学习效率,让学生在独立学习中构建自己的知识体系和学习能力体系。

3.交流协作,深度内化

在独立探索学习的阶段,学生通过课堂独立练习完善了知识体系的构建,对新知识的掌握得到了提升。为了进一步将所学内容和知识点深度巩固,学生需要进行交流协作学习。协作学习是指学生之间通过交流、探讨等方式对研究的论题进行论证的学习过程,学生的协作交流是达到学习目的的重要途径。

协作学习是学生获取新知识和学习新能力的重要方式,学生之间因为知识的碰撞交流,形成了交互性学习和探究式学习的融合,从而实现学生思维的有效交流和能力的有效提升。爱德加戴尔通过实验研究发现,学生参与式和团队学习过程中的学习效果要远远优于独立学习的效果。在翻转课堂教学模式下,教师就是通过探究式和协作式的学习,进而提升学生的能力,促进知识的转化。同时协作式学习能够促使学生形成批判性和创新性思维,提高他们的沟通交流能力,形成彼此之间互相尊重的关系,因此,翻转课堂教学模式具有积极的作用。通过分析发现,在翻转课堂教学过程中,教师要高度重视对学生协作交流学习的设计。

在翻转课堂教学模式下,课堂形态也发生着变化。教师是课堂学习活动的指导者,通过教学设计安排学生开展互动性学习,学生通常以组为单位,将在独立探索阶段获得的知识与同伴进行交流,并开展头脑风暴、意见探讨。教师不仅是讲台上的授课者,而且是参与学生探讨的参与者,能够及时掌握学生的动态。当学生在小组协作学习中发现有疑难问题时,教师要及时引导,通过多种方案解答问题,促进学生对知识的融会贯通,帮助学生拓展思维和提升技能。在翻转课堂模式下,学生的学习自主性和积极性受到激发,学生在交流过程中形成了批判性思维和独立思考的习惯,将协作学习融入课堂,既帮助学生转变了学习态度,促进了学生能力的提升,也实现了翻转课堂教学的积极实践。

4.成果展示,分享交流

高校学生需要通过分享交流促进所学知识的转化,实现学习活水的源源不断。在翻转课堂教学模式的实施过程中,教师十分重视学生独立学习能力和协作能力的提升,尤其是高校学生综合能力的提升。在此基础之上,教师通过组织开展成果分享活动,可以促进学生在已掌握知识的基础上拥有新收获。

学生在自主探索学习和交流协作学习之后,会取得一定的学习成果。为了让学生的学习所得有进一步提升,教师通过组织学生开展成果展示会、报告会、辩论比赛等,让学生可以通过这些多样的形式进行交流分享。学生的能力和水平各有差异,加之小组讨论的成员有所差别,其收获也就呈现一定区别。学生把自己的成果展示出来,并与同学进行交流分享,可以促进自身学习知识构架的完善和学习技能的查漏补缺。同时,在学生进行报告展示与分享时,教师起到指点的作用。教师对学生认知的点评可以帮助学生得到新的收获,并对自己的优缺点有更全面地了解。教师在学生进行汇报的过程中,也能掌握学生学习的能力水平,以便日后教学的开展。

另外,在翻转课堂教学模式下,学生进行成果展示时,也可以融入视频录像的方式。例如,教师可以积极鼓励学生利用课后时间将成果展示制作成视频,上传至共享平台,学生和教师通过观看交流视频在课堂上展开讨论和交流。总之,不论何种形式,这一环节的重要意义在于转变教学方式,促进学生实现自主学习,让学生敢于进行自我表达,促进知识的深度内化和课堂教学效率的提升。

(三)评价分析阶段

在评价分析阶段,学生在学习过程中的反馈即是教师对学生的学习效果和能力进行分析、评价的基础。在这一阶段,教师占据主导地位,教师需要通过对学生的学习活动进行准备的评价分析,并在此基础上对教学策略和教学安排进行合理的完善。因此,这一阶段在教学实践活动中也有十分重要的作用。

在课前准备活动、课堂学习活动、成果展示活动等环节中,学生的学习能力和所学知识已经得到较好地体现,教师结合学生的学习表现对课堂教学模式以及学生学习能力进行分析,掌握学生知识理解的节奏以确定最佳教学方式,实现教学方案的改进。

另外,由于影响教学效果的因素增多,翻转课堂模式下教师的评价分析体系有所不同。翻转课堂教学实践中,教师通过制定由学生、同伴、教师等多个评判者参与评价的评价体系,实行定量评价和定性评价、形成性评价和总结性评价等相结合的方式,开展自评、互评和师评。教师还通过建立学生档案进行学生学习动态的更新,对学生独立学习的能力、学习计划制定能力、实践操作能力、学习成果表达能力等进行详细的记录,及时、全面地掌握学生的学习技能,促进高校教学实践的完善,提升高校学生职业学习的能力和专业技能。

第三节　基于信息技术的讲授法

基于信息技术的教学过程中,教师可以利用信息技术手段进行生动形象的描绘、陈述,启发诱导性的设疑、解疑,为学生提供大量的感性材料,从而可以在较短的时间内将相关知识传授给学生,并能够把知识传递、思想发展和智力提高进行有效融合。

一、讲授法概述

教学过程既是教学艺术的体现,更是一门科学,尤其是在信息技术快速发展的情况下。讲授法的过程是教师依据学生的学习问题和学习需求,通过讲解解决学生学习过程中的难点、重点问题,训练学生的思维能力和思维方式。借助信息技术的讲授是最便捷的教学方法,有效的讲授必须切合学生的心智,为了学生的需要而讲。

(一)讲授法的内涵

1.讲授法的含义

讲授法是教师通过语言系统向学生描绘情境、叙述事实、解释概念、

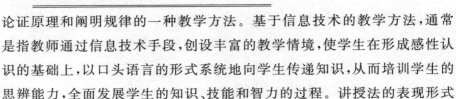

论证原理和阐明规律的一种教学方法。基于信息技术的教学方法，通常是指教师通过信息技术手段，创设丰富的教学情境，使学生在形成感性认识的基础上，以口头语言的形式系统地向学生传递知识，从而培训学生的思辨能力，全面发展学生的知识、技能和智力的过程。讲授法的表现形式如下。

（1）讲述

讲述是指教师向学生叙述事实材料或描绘所讲对象，使学生脑中形成鲜明的形象和概念，并从情绪上得到感染。通常在叙述某一问题的历史情况、某一发明或发现的过程以及人物传记材料等时，采用这种方法，如介绍计算机的发展史、介绍我国计算机教育的历程等。

（2）讲解

讲解是教师向学生说明、解释和论证科学概念、原理、公式、定理等的方法。一般当演示和讲述不足以说明事物内部结构或联系的时候，就需要进行讲解，如在程序教学时就需要对程序的规则等进行细心的讲解。

（3）讲读

讲读的主要特点是讲与读交叉进行，有时还会加入练习活动，既有教师的讲与读，又有学生的讲、读和练，是讲、读、练结合的活动。

（4）讲演

讲演是指教师不仅要向学生描绘事实，而且要深入分析和论证事实，并在这个基础上，对事实做出科学的结论。讲演所涉及的问题比较深、比较广，所需时间比较长，它要求有分析、有概括、有理论、有实际，要有据有理。如教师就教材中的某一专题进行有理有据、首尾连贯的论说，这就是讲演。

这几种形式都是教学中经常使用的。教师采用这些方式，要充分考虑学生听讲的方式，使教师的主导作用与学生的自觉性、积极性紧密结合起来。

2. 讲授法的特征

讲授法是以语言传递为主的教学方法，具有以下几个主要特征。

①讲授法是传递基础知识结构、形成基本技能、构建基本能力的重要

手段。讲授法是每位教师最经常用到的方法,同时也是教师讲解基础知识、基本技能、基本能力的最主要的技能,采用讲授法能有效地保证绝大部分学生在短时间内学到人类花费漫长时间积累起来的知识和技能。

②讲授法是以语言讲授为主,结合体态语、表情语言的一种方法。讲授的主要内容涉及创设教学情境,陈述事实材料,描绘教学对象,说明事实过程,陈述和解释概念,论证基本原理、公式、定理与科学规律等。在讲授这些内容时,除了运用语言讲解外,也要运用丰富的体态语、表情等以便使讲解内容更丰富、形象。

③讲授法是师生互动与及时反馈最好的方法形式。从知识传递的过程来看,教师处于主导地位,主要负责知识的传递,学生负责接收知识,教师可以通过观察等形式了解教学状况,学生也可以通过自己的语言、肢体语言反馈自己的学习状况,从而使教师能及时、快速地调节教学进度、改进教学方法、调整教学策略。

④语言的讲授虽然具有抽象性,但通常都通俗易懂。讲授法基本运用语言的描述来呈现教学内容,在形式上很抽象,但是经过教师针对教材内容进行编码、解码,使得所讲授的内容更形象、具体,通俗易懂。这样能使学生在短时间内迅速获得大量的系统的知识。

3. 讲授法的优势

(1)有利于学生掌握系统全面的知识

讲授法不是单纯的信息传输过程,在讲授过程中同样存在着社会交往、人格示范、情感态度等方面的内容。因此,讲授法对学生系统知识、情感、态度乃至价值观等方面的培养都具有不可替代的作用。

(2)有利于教师解读教学中各种有利的教育因素

讲授法可以通过课堂讲授进行教学,便于教师根据各学科特点,充分发挥和挖掘教材中的那些"显性",尤其是"隐性"的教育性因素,并能针对学生的思想实际,将这些因素有机地融合在具体的教学内容中,使学生在接受知识的同时,潜移默化地受到教师品格因素的影响。

(3)讲授法有利于教师充分发挥主动性

在授课中,教师可以充分将其社会责任感,生活激情,学术见解,分析

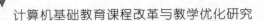

和处理问题的方法、智慧和风格等淋漓尽致的发挥,同时更可以唤起学生的求知欲、创造意念及热爱世界的情感。

(二)基于信息技术的讲授法的主要特征

基于信息技术的讲授法具有以下几个显著的优势。

1.利于大幅度提高课堂教学的效果和效率

基于信息技术的讲授法能使深奥、抽象的课本知识变得具体形象、浅显通俗,从而排除学生对知识的神秘感和畏难情绪,使学习真正成为可能和轻松的事情;讲授法采取定论的形式(而不是问题的形式或其他形式)直接向学生传递知识,避免了认识过程中的许多不必要的曲折和困难,这比让学生自己去摸索知识能少走不少弯路。

2.能够相对充分发挥学生的积极性、主动性和创造性

基于信息技术的讲授法能够调动学生的积极性,激发学生的兴趣,尤其是良好的电子教材的应用,更能使学生参与教学过程。

3.更有利于充分发挥教师自身的主导作用

电子教材以书本教材为基础,又融合了丰富的课外教学资源,更能综合体现教师自身的思想、学识、修养、情感,能够潜移默化地影响、感染、熏陶学生的心灵,是学生精神财富的重要源泉。

二、基于信息技术的讲授法的教学过程

教学过程是一个综合体现教师教学魅力的过程,是教师在备课的基础上执行教学设计过程、体现教学策略的过程,基于信息技术的教学过程是教师通过信息技术手段用语言向学生传递知识的过程,主要有以下六个具体环节。

(一)组织教学

这一环节主要包括课前技术准备、调动学生情绪和准备上课。

1.课前技术准备

课前技术准备主要指学生的学习环境准备情况,如设备的运行情况、教学软件(课件及其支持的教学软件)、教室的光线条件等。教师首先要熟悉教师的硬件使用情况,检查教学媒体运行的状态,并保证软件的运行

正常,这些是上好基于信息技术课程的前提,否则后续的一切将无从谈起。

2.调动学生情绪

学习动机是获得学习成效的助力,因此,要在课前充分了解学生的相关学习经验,除了要了解学生的知识基础外,还要着重了解学生接触过哪些相关课题的电影、电视、广播、音乐以及一些相关教学媒体软件的特性。在此基础上,才能有效激发学生的学习动机,使学生以饱满的情绪投入学习活动。

3.准备上课

准备上课指教师了解学生的出勤情况,检查学生注意力是否能够集中等,为上课做好准备。

(二)情境导入

教学情境创设是指在课堂教学中,依据教学的内容特点与教学目标要求,构建适合学生并作用于学习主体、调动学生情感投入、调动学生主动积极建构性学习的学习背景、景象和学习活动条件等学习环境。从这个维度上来说,教学情境的创设是要构造一种能调动学生情绪的"环境"。

良好教学情境的创设就是激发学生学习兴趣,启发学生思维,开发学生智力,提高教学实效的重要途径,基于信息技术的教学情境创设主要归纳为以下几个方面。

1.问题情境导入

这是指教师围绕教学主题,设疑问难,制造悬念情境,从而调动学生思维,引发学生的好奇心和求知欲的导入方法。课堂教学成功与否的一个关键就在于有没有激发学生的思维,思维活动通常是由疑问而产生的,它是引导思维、启迪智慧的重要心理因素。当学生对所学的知识产生疑问时,他们主动探索的欲望和自主学习的兴趣就会被激发出来。

2.模拟演示情境导入

演示情境可以依据实物、活动过程、实验操作过程、训练过程等进行模拟演示,如生物学中细胞分类的过程,可以通过动画模拟,使学生更形象具体地获得较为真实的体验,激发学生的探知欲望。

3. 图画再现情境导入

图画是展示形象的主要手段,用图画再现教学情境,实际上就是把教学内容形象化,插图、特意绘制的挂图、剪贴画、简笔画等都可以用来再现教学情境。

4. 电影电视录像导入

以新闻的、事实的甚至是基于戏剧的影视资料来辅助导入教学,能够从侧面例证、说明事实、展示实物发展过程或者说明与讲解课题相关的内容,从而使学生形成客观感性的认识。

5. 乐曲渲染情境导入

音乐以特有的旋律、节奏,塑造出乐曲形象,把听者带到特有的意境中。选择播放一曲与教学内容有关,又为学生所熟悉和喜爱的音乐作品,不仅能激起学生的情感体验,调动学生学习的积极性、主动性、创造性,还能起到陶冶学生情操的功效。其关键是选取的乐曲与教材在基调上、意境上以及情境的发展上要对应、协调。

情境导入还包括很多方式,如生活展现情境导入、实物演示、角色扮演等,但基于信息技术能够实现的情境创设的方式主要还是以上几个方式。

(三)讲授新课

在这一环节,教师清楚使用信息技术手段的目的,能够较好地实现讲解与媒体展示的结合,能够进行精讲并随时加以指导,充分发挥媒体与媒介的作用。但要注意把握教师的主体地位与媒体辅助工具的关系,要密切关注学生对所讲知识与媒体的反应,并将其及时反馈应用于调节教学过程。

在这一中心环节,教师要有效利用技术手段,既要突出重点、突破难点,清晰授课思路,结合多种媒体艺术表现形式,体现教学趣味性,注意与学生的双向沟通,做到少讲精讲,还要在讲授过程中注意人的"不断分化"和"融会贯通"的认知组织原则,改进知识的呈现顺序,促进迁移。

(四)课堂练习

一般课堂的强化练习只有针对主题相关性极强的内容,才能使学生及时地强化所学内容。教师可以利用基于信息技术的特有手段进行,如课前要有针对性地布置任务,让学生基于网络等资源进行自主学习,在此环节再进行发言、研讨或者协作学习,使学生形成思考问题与解决问题的能力。教师要根据学生课堂的表现,为学生提供补充学习的扩展资源(如相关资源的网站、课外读物等)。

(五)评价总结

课堂教学评价要根据教学目标等批评依据,针对教学过程中学生在每一个环节的表现,依照学生完成学习知识(作品)的质量、在协作学习过程中对小组贡献程度的大小,进行全面的、发展的评价,才能为学生提供公正的、客观的反馈,使教师及时调整授课方案和教学进度与速度,使学生能正确认识自己阶段性的学习成果,及时调整自己的学习方向。

(六)课外作业

课外作业是指在学生学习新知识之后,教师给学生布置练习题或思考题,这也是整个课堂教学程序中的最后一个环节。教师布置的作业应是能最大限度地激发学生个体的学习兴趣和动力,促进他们思维的积极活动和独立思考的能力。同时,布置的作业不宜太难。如程序设计教学,一方面教师应该让学生对所学的知识灵活运用,形成迁移;另一方面,也要考虑学生的思维水平,以不抹杀学生的积极性为前提。

就基于信息技术的授课过程来说,所谓作业,占较大比例的多是基于计算机或者网络资源为主的课外补充学习,学生往往非常乐于去做。需要注意的是不要使作业过多地占用学生的课余时间,以免影响学生休息或者耽误其他课程的学习。

三、高校教师信息化教学能力提升具体措施

(一)转变观念,促进教师自身信息化水平的提高

教师自身信息化水平的提高是建立在自愿基础上的,在现行高校教学模式的要求下,教师不仅要适合传统的教学模式和信息化教学模式,更重要的是要具备传统教学模式和信息化教学模式进行有机整合的能力,而这种能力更多地体现在教师课堂教学中多媒体的选择和应用方面,教

师要转变以往的传统观念,即信息化教学不仅要求教师会开启多媒体设备和会用课件展示自己的教案,更多地要求教师在以学生为主体的课堂教学中,要根据所讲授的学科特点和课程特点,选择不同的适合知识迁移的多媒体手段,做到教师、学生和教学等多种因素兼顾,从而更好地服务于教学。同时,年轻教师要真正做到为"学生更多获取知识"而选择多媒体。

(二)加强教师信息化教学能力的提升培训

随着教师的年龄结构、职称结构和学科结构表现出多样化、合理化和科学化,"双师型"教师培训机制也已初步形成。但是,教师的信息化教学能力却成为制约教学效果提高的主要因素,大部分高校采用课堂教学设计专题讲座、优秀课程教学汇报、信息技术专项讲座和专家现身课例讲座等模式,将校本培训和继续教育相结合,提升教师信息化教学设计的能力。因此,各高校在优化教育教学环境的同时,要不断加强教师信息化教学能力提升的培训力度,更多地注重教师信息化能力培养的效果,使教师快速适应信息化时代的高校教育课堂教学。

(三)科学合理整合校本资源和网络资源

资源具有共享性的特点,校本资源和网络资源的整合是对校本资源的扩展,是取之长而补本校之短。大部分高校均建立了校园网、数字图书馆和多媒体课件制作平台等,引进了大量的高质量课程资源,在拥有高质量校级精品课程、省级和国家级精品课程的同时,从国家精品课程网和高校公开课程视频网等网络平台上也能迅速获得优质精品课程资源,不仅解决了教师的教,而且使得学生的学更加便捷。两者的结合不仅扩充了自己的资源库,很大程度上方便了资源共享,而且突破了资源的时空限制,促进了校际教师的交流。

(四)强化顶层设计,建立长效机制

高校应及时制定符合信息化教学的校园建设标准、教学资源开发标准、教师教育技术能力标准,构建网络化、数字化、个性化的教育平台。同时,针对高校教师信息化教学能力的培养,需加强"顶层设计",建造完整的信息化教育系统。首先,高校引导教师深入认识、学习信息化教学的培

养方案,理解掌握带领学生运用信息化教学的关键,以确保信息化教学方式能够在学生中顺利实施,并达到有效的教学成果。其次,为确保信息化教学的顺利推进及发展,保证高校学生的学习效率,需要完善信息化教育系统的运行机制,完善高校教师的绩效考评体系,以促进教师教学能力的提升。最后,注重学生对实行信息化教学模式的反响,进行相应的调查调研,了解学生对该教学模式的接受程度,一切以有利于提高学生学习质量和学习效率为主要目的。

(五)培养人才梯队,发挥教师的辐射效应

在针对信息化教学模式的认识、理解、学习并逐步掌握据为己用的磨合过程中,不同教师的学习能力也不尽相同,掌握程度也参差不齐,那么适应能力、学习能力强的教师就会迅速成为信息化教学中的主要教育力量,从而形成人才培养教师梯队。针对教师梯队,可以建立奖励激励机制,对信息化人才教育的主力军给予适当的奖励,以激励高校教师不断提升自身的信息化教学能力。同时,可以开展一系列的信息化教学课程培训、合作交流、名师空间课堂与竞赛活动,带给教师课程教学示范的同时,向广大师生及学生家长传播信息化教学模式的全新教学理念,推进信息化技术在教育教学中的持续发展。

(六)优化人才培养方案,改革教学模式

教师的教育思想、教学观念、知识结构与教学技能需全面提升,针对教师所开展的综合训练和培训内容需要不断更新,实现信息化先进技术与高校学生课程学习的目标整合、内容整合,采用开放、协作、创新、分享的互联网思维重新审视教学改革。充分分析学生的现状、需求、习惯,开创更具有实施应用价值的教学模式,开放的自主学习平台、网络课程、虚拟的视频课程教室、仿真实训平台等,激发学习兴趣。对信息化环境下的人才培养模式进行综合改革,形成创新的多层次、多方向、灵活的人才培养方案,提高专业与服务面向的结合度、融合度与认可度,实现人才培养与职业资格、岗位规范相对接。高校教师要加快信息技术与教学过程、内容与方法的深度融合,提高学生职业技能竞赛、职业资格考证、岗位实习实训的水平,切实提高职业能力与信息素养。

参考文献

[1]操惊雷,王仕勋,王斯蕾.信息技术基础(第 2 版)[M].北京:高等教育出版社,2022.10.

[2]雷军环,马佩勋,叶茜.信息技术与素养[M].北京:高等教育出版社,2022.10.

[3]唐明军,朱凤明.信息技术基础[M].北京:高等教育出版社,2022.09.

[4]战德臣,陈雅茜.高校计算机(民族院校版)——计算思维与信息素养[M].北京:高等教育出版社,2022.08.

[5]黄银秀,肖英.计算机软件课程设计与教学研究[M].北京:中国原子能出版社,2022.08.

[6]张荣.高校计算机基础实践教程[M].杭州:浙江高校出版社,2022.08.

[7]蔡飚.计算机组装、维护、维修全能一本通[M].北京:人民邮电出版社,2021.11.

[8]唐继勇,李旭.计算机网络基础创新教程:模块化＋课程思政版[M].北京:中国水利水电出版社,2021.10.

[9]余萍."互联网＋"时代计算机应用技术与信息化创新研究[M].天津:天津科学技术出版社,2021.09.

[10]李俭霞,向波,尤淑辉.信息技术基础(第 4 版)[M].北京:高等教育出版社,2021.09.

[11]李占宣,郑秋菊,王晓.主体参与教学研究——以计算机教学为视角[M].北京:光明日报出版社,2021.08.

[12]王锦,姚晓杰,陈艳.计算机信息素养基础实践教程[M].北京:中国水利水电出版社,2021.06.

[13]刘卉,张研研.高校计算机应用基础教程[M].北京:清华高校出版社,2020.12.

[14]潘力.计算机教学与网络安全研究[M].天津:天津科学技术出版社,2020.07.

[15]孙锋申,丁元刚,曾际.人工智能与计算机教学研究[M].长春:吉林人民出版社,2020.06.

[16]孙超.计算机前沿理论研究与技术应用探索[M].天津:天津科学技术出版社,2020.06.

[17]佘玉梅,申时凯.基于应用能力培养的计算机实践教学体系构建与实施[M].长春:东北师范高校出版社,2020.07.

[18]李英.计算机教学与网络安全管理研究[M].北京:北京工业高校出版社,2019.11.

[19]曹灏柏.新时期计算机教育教学改革与实践[M].北京:北京工业高校出版社,2019.11.

[20]王磊.计算机教学情境案例设计与分析[M].北京:清华高校出版社,2019.09.

[21]柴文慧,秦勤,张会.云技术发展与计算机教学创新[M].昆明:云南科技出版社,2019.07.

[22]赵晓霞.计算机基础教学的现状和发展趋势研究[M].北京:冶金工业出版社,2019.05.

[23]宋勇.计算机基础教育课程改革与教学优化[M].北京:北京理工高校出版社,2019.04.

[24]傅波.计算机专业教学改革研究[M].成都:西南交通高校出版社,2018.09.

[25]甘勇.高校计算机基础实践教程[M].北京:高等教育出版社,2018.08.

[26]唐灿耿.模拟电子技术基础计算机仿真与教学实验指导[M].北京:机械工业出版社,2018.07.

[27]韩利华,苏燕,徐艳华.高校计算机教学模式构建与改革创新[M].长春:吉林高校出版社,2018.06.

[28]李素霞.计算机教学实践[M].成都:电子科技高校出版社,2017.08.

[29]史巧硕,柴欣.高校计算机基础实践教程[M].北京:人民邮电出版社,2017.08.

[30]袁春风.计算机系统基础习题解答与教学指导[M].北京:机械工业出版社,2017.04.